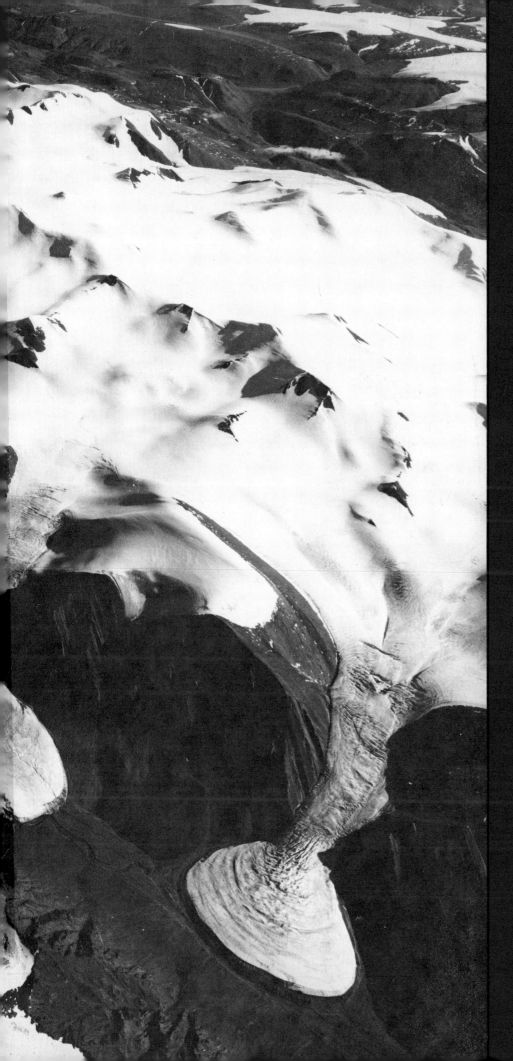

Frontispiece. Part of Viking Ice
Cap with icefalls and expanded-foot
piedmont glaciers; about 160 km
southwest of Lake Hazen, Ellesmere
Island, Queen Elizabeth Islands
(81°33'N, 76°00'W); note the
ice-dammed lake in the valley
bottom; view to southeast.
NAPL T404L-56

Frontispice: Partie de la calotte
glaciaire Viking ainsi que de ses
cascades de glace et glaciers de
piémont à base élargie; située à
environ 160 km au sud-ouest du lac
Hazen, île Ellesmere, dans les îles
Reine-Élisabeth (81°33'N,
76°00'W); à noter, le lac de barrage
glaciaire au fond de la vallée; vue
prise en direction du sud-est.
PNA T404L-56.

Catalogue No. M 41-8/28
ISBN 0-660-52188-1
ISSN 0068-7642

Canada: $18.00
Other countries: $20.60

Nº de catalogue M 41-8/28
ISBN 0-660-52188-1
ISSN 0068-7642

Canada: $18.00
À l'étranger: $20.60

Geological Survey of Canada
Commission géologique du Canada

Miscellaneous Report
Rapport divers **28**

Canada's Heritage of Glacial Features

L'Héritage glaciaire du Canada

V.K. Prest

1983

Foreword

More than 95 per cent of Canada's surface has been glaciated, and the materials deposited directly by glaciers and those related to the waters derived from the melting of glaciers comprise much of our landscape. Indeed, in Canada, glacial features are probably better displayed than anywhere else in the world. Because these features directly and indirectly affect many aspects of the uses we make of our land, we should all have some knowledge of the nature of these deposits and the processes by which they were formed. Sand and gravel deposits, a legacy of the glaciers, are essential to Canada's construction industry. In 1980 the production value of these commodities was more than $512 million. Agriculture and forestry too are dependent on the variety of soils which, in turn, in Canada are closely related to the effects of the most recent glaciation. The drainage systems, for the most part, reflect a pattern controlled by the effects of the Ice Age; as our waterways were our first transportation routes, the pattern of early exploration of Canada reflected the effects of glaciation. Indeed, many present day urban centres owe their location to the vagaries of the most recent glaciation.

By means of photographs, drawings, and text this book provides an understanding of the Ice Age, its glaciers, and the resulting surficial deposits and glacial landforms and features. The text includes a description of glacial features and a generalized terminology that is sufficiently detailed for use by scientists yet can be employed by laymen. It is hoped that this book will develop in many Canadians interest in glacial phenomena and will promote interest and research into the origins of many drift features.

The author, Dr. V.K. Prest, joined the Pleistocene Section of the Geological Survey of Canada in 1950 and for some years directed its successor, the Pleistocene and Engineering Geology Division, before resuming full time geological studies. Although officially retired since December 1977, he has continued active field work for the Province of Ontario.

Avant-propos

Plus de 95 % de la surface du Canada a déjà été recouverte par des glaciers, et une bonne partie du relief actuel a été édifiée par des matériaux déposés directement par des glaciers ou apportés par les eaux de fonte de la glace. En fait, les modelés glaciaires sont probablement plus nets au Canada que partout ailleurs dans le monde. Étant donné que ces reliefs influent directement et indirectement sur les modes d'utilisation de leur territoire, tous les Canadiens ont intérêt à se familiariser avec la nature de ces dépôts et avec les processus qui ont présidé à leur formation. Les dépôts de sable et de gravier mis en place par les glaciers sont essentiels à l'industrie de la construction du Canada. En 1980, la valeur de la production de cette industrie dépassait 512 millions de dollars. De même, les divers sols que regroupe le territoire canadien, et dont les industries agricole et forestière sont tributaires, datent également de la dernière glaciation. Le tracé des réseaux de drainage obéit en majeure partie aux contraintes imposées par des formes du relief résultant des processus de l'Époque glaciaire; de même que les cours d'eau ont été les premières voies de communication du pays, ce sont les effets de la glaciation qui ont dicté aux premiers explorateurs les voies à suivre. En fait, le choix de l'emplacement de nombreux centres urbains actuels est souvent dû aux caprices de la dernière glaciation.

À l'aide de photographies, de dessins et de textes, l'auteur cherche à faire connaître au lecteur l'Époque glaciaire, ses glaciers, ainsi que les dépôts de surface et les formes de relief glaciaires auxquels elle a donné naissance. Il donne une description des formes de relief glaciaires, en adoptant une terminologie qui, quoique générale, est suffisamment précise pour être utilisée par des scientifiques et suffisamment claire pour être comprise par les profanes. Il est à espérer que ce livre parviendra à éveiller l'intérêt de nombreux Canadiens pour les phénomènes glaciaires et à encourager la recherche sur les origines de nombreuses formes glaciaires.

L'auteur, M. V.K. Prest, s'est joint à la Section du Pléistocène de la Commission géologique du Canada en 1950 et, pendant quelques années, a dirigé l'organisation qui lui a succédé, la Division du Pléistocène et du génie géologique, avant de reprendre ses études à temps plein en géologie. Quoiqu'officiellement à la retraite depuis décembre 1977, M. Prest continue à effectuer des travaux sur le terrain pour le compte de la province de l'Ontario.

Comme c'est le cas de la plupart des disciplines géoscientifiques, la compréhension de la géologie glaciaire est fondée sur des observations interprétées par l'observateur. Certaines des interprétations données dans le présent document ne sont pas nécessairement admises

As is true for most earth science fields, an understanding of glacial geology is based on observations interpreted by the observer. Some of the interpretations given in this volume may not be universally accepted, but all are reasonable in the light of the observed facts. The Geological Survey of Canada, as an organization, does not maintain a particular point-of-view regarding geological concepts and considers that members of the professional staff are entitled to a preference amongst multiple working hypotheses. It is by this process that hypotheses eventually become fact.

Copies of any photographs used in this report are available for sale. Prints of photographs, the captions of which include the identifying GSC number, are available through the Photolibrary, Geological Survey of Canada, 601 Booth Street, Ottawa, Ontario, K1A 0E8. Prices are available on demand. Some photographs were taken by persons other than present or former employees of the Geological Survey of Canada; to identify these, the words "courtesy of" precede the photographer's name. All other photographs are by present or former staff members. If photographs from this book are used for subsequent publication, the Geological Survey of Canada number should be included in any reference.

Standard airphotos used in this report are available from the National Airphoto Library, 615 Booth Street, Ottawa, Ontario, K1A 0E9; prices are available on request.

Landsat imagery is available through the Canada Centre for Remote Sensing, 2464 Sheffield Road, Ottawa, Ontario, K1A 0Y4. This agency should be contacted directly for lists and prices.

Topographical maps are available through the Canada Map Office, 580 Booth Street, Ottawa, Ontario, K1A 0E4. Coverage of Canada at different scales is variable and the map office should be contacted directly for indexes and prices. The letters "NTS" on Figure 4 refer to map sheets of the National Topographic System.

universellement, mais toutes peuvent être qualifiées de raisonnables à la lumière des faits observés. La Commission géologique du Canada, en tant qu'organisation, ne favorise pas un point de vue en particulier en matière des idées de nature géologique émises et estime que ses membre sont libres de soutenir l'une ou l'autre des nombreuses hypothèses de travail qui s'offrent à eux.

C'est ainsi que les hypothèses finissent par se vérifier. En outre, la Commission géologique du Canada tient à signaler que la nomenclature française des modelés et formes de relief mentionnées dans le présent document n'est qu'une traduction des termes anglais proposés et ne peut, en aucun cas, être considérée la seule terminologie officiellement reconnue, mais plutôt l'interprétation recommandée des termes utilisés.

Il est possible d'acheter des copies des photographies utilisées dans ce rapport. Les épreuves, dont les légendes renferment le numéro d'identification de la CGC, sont en vente à la photothèque de la Commission géologique du Canada, 601, rue Booth, Ottawa (Ontario), K1A 0E8. Les prix sont communiqués sur demande. Certaines photographies ont été prises par des personnes qui n'ont jamais été à l'emploi de la Commission géologique; le nom du photographe est alors précédé de la mention "gracieuseté de". Toutes les autres photos sont l'oeuvre d'anciens ou actuels employés de la GCG. Il faudrait mentionner le numéro de la Commission géologique toutes les fois que des photographies du présent document seront utilisées dans d'autres publications.

Les photographies aériennes courantes qui sont reproduites dans ce rapport sont en vente à la Photothèque nationale de l'air, 615, rue Booth, Ottawa (Ontario), K1A 0E9. Les prix sont communiqués sur demande.

Les images Landsat sont en vente au Centre canadien de télédétection, 2464, chemin Sheffield, Ottawa (Ontario), K1A 0Y4. Les personnes intéressées à obtenir la liste des produits et des prix sont priées de s'adresser directement à cet organisme.

Les cartes topographiques sont en vente au Bureau des cartes du Canada, 580, rue Booth, Ottawa (Ontario), K1A 0E4. La couverture du Canada varie selon l'échelle, et les personnes intéressées à obtenir des index et des prix sont priées de communiquer directement avec le Bureau des cartes. Les lettres "SNRC" apparaissant à la figure 4 désignent des coupures de carte du Système national de référence cartographique.

Contents

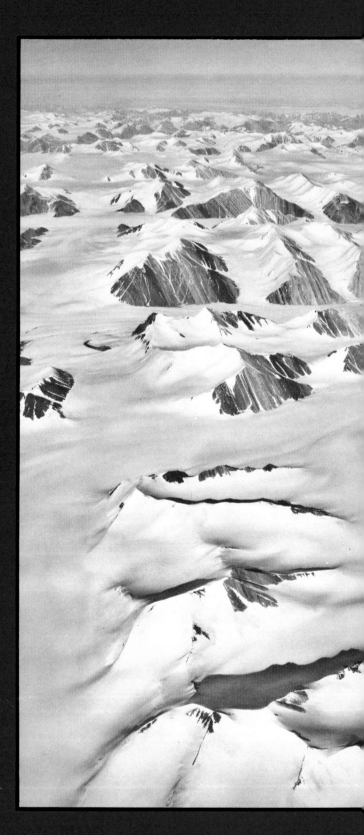

Table des matières

Introduction

Canada possesses the world's largest area of formerly glaciated terrain and displays a wide variety of glacial and related landforms. Before discussing and illustrating some of these features it is appropriate to consider the geological events that caused them, during what is referred to as the "Great Ice Age". This part of the Earth's 4.5 billion year history is referred to as the Pleistocene Epoch or Quaternary Period and represents only the last 1.8 to perhaps 2.7 million years.

The Pleistocene Epoch was a time of repeated glaciation in Canada. There were at least four major glacial stages – the Nebraskan, Kansan, Illinoian, and Wisconsinan (youngest) – during which glaciers and ice sheets grew and advanced to their particular maximum position. These glacial stages were separated by interglacial periods when the climate was as warm as the present and the continental interior was free of ice. Included also were numerous glacier or ice-front advances that fell short of the main or maximum known expansions.

These less extensive periods of glaciation were followed by times of significant ice-front retreat but, presumably, not by general continental deglaciation prior to a readvance. The terms stadial (stade) and interstadial refer to these periods of less extensive ice advance and retreat, whether taking place during the main advance or during the retreat of a particular glaciation. But depending on a scientist's region of study, or field of interest, such stadial glaciations may logically be regarded as full glacial stages; hence, considerable controversy exists as to the actual number of major glacial events during the Pleistocene Epoch.

During each major glaciation most of Canada's surface was covered by ice. In places the ice was 3000 to perhaps 4000 m thick and consisted of several ice caps and ice sheets, centred in different areas, that merged at times of glacial maxima. Each of the former North American glacier complexes (excluding that on Greenland) was about as large as that on Antarctica today, that is, about 13 million km^2. By far the largest part of the Wisconsinan glacier complex, as well as the older ones, was no doubt Laurentide ice. The Wisconsinan Laurentide ice occupied mainland Canada east of the Cordilleran Region, spread northward onto the southern

Introduction

De tous les pays du monde, le Canada est celui qui possède la plus vaste étendue de terrain ayant été recouverte par des glaciers; aussi, y trouve-t-on une large variété de modelés glaciaires et de reliefs apparentés. Avant d'aborder la description et l'illustration de ces formes, il est bon d'évoquer les événements géologiques qui les ont édifiées au cours de ce qu'il est convenu d'appeler la "Grande époque glaciaire". Cet épisode de l'histoire de la Terre longue déjà de 4,5 milliards d'années correspond en fait à l'époque Pléistocène de la période Quaternaire et n'a débuté qu'il y a 1,8 à 2,7 millions d'années.

Le Canada a vécu, au cours du Pléistocène, une époque de glaciations successives. On reconnaît au moins quatre grandes glaciations appelées, de la plus ancienne à la plus récente, Nebraskien, Kansien, Illinoien et Wisconsinien au cours desquelles des glaciers et des inlandsis ont atteint leur limite maximale d'extension. Ces époques glaciaires ont été séparées par des phases interglaciaires, caractérisées par un climat comparable à celui d'aujourd'hui et par la disparition des glaces de l'intérieur du continent. Ces interglaciaires ont également été marqués par de nombreuses avancées de

fronts glaciaires, moins importantes cependant que les étendues maximales déjà atteintes. Ces poussées de moindre amplitude ont été suivies par des périodes de recul important des fronts glaciaires, quoiqu'il ne semble pas que les récurrences aient été précédées d'une déglaciation générale du continent. Les mots "stadiaire" (stade) et "interstadiaire" s'emploient pour désigner les périodes de progression et de retrait moins importantes, peu importe si celles-ci ont eu lieu au cours de la phase de progression ou de la phase de retrait d'une glaciation donnée. Cependant, selon la région d'étude ou le domaine d'intérêt particulier d'un scientifique, ces résurgences stadiaires peuvent logiquement être considérées de véritables glaciations, d'où la controverse au sujet du nombre réel de glaciations majeures étant survenues au cours du Pléistocène.

À chaque glaciation importante, les glaces ont recouvert presque toute la surface du Canada. Par endroits, la glace avait 3 000 ou peut-être 4 000 m d'épaisseur et regroupait plusieurs calottes glaciaires et inlandsis dont les centres occupaient différentes régions et qui ont fusionné au moment des maximums glaciaires. Chacun des anciens inlandsis nord-américains (sauf celui du Groenland) atteignait presque les dimensions actuelles de celui de l'Antarctique, soit environ 13 millions de km^2. Le glacier des Laurentides s'est avéré de loin l'élément le plus imposant de la glaciation wisconsinienne, de même que de toutes les glaciations antérieures. Le

Arctic Islands and southward into the northern United States (Fig. 1)*. This ice mass, which is properly termed the Laurentide Ice Sheet, was a threefold complex being composed of Labradorean, Keewatin, and Foxe-Baffin sectors. The three main masses were merged over much of the Wisconsinan Stage – which began about 120 000 years ago – but maintained their own discrete flow regimes from slowly shifting centres of outflow. A separate ice complex – the Cordilleran Ice Sheet – covered both the mountainous and interior lowland parts of the Cordilleran region. It is probable that a number of ice caps formed in the Innuitian Region of the northern Arctic Islands but their extent is a matter of much controversy. Also, an ice-sheet complex, composed of both Labradorean and locally derived ice, covered most of the Appalachian Region with a probably separate mass on the island of Newfoundland and a smaller body on the Avalon Peninsula.

During the Wisconsinan glacial stage, the Labradorean ice mass developed several autonomous centres of activity; for example, the ice over Hudson Bay, late in the period of deglaciation, became independent of its primary sources in New

*See back end leaf

Quebec/Labrador and Keewatin, and advanced far southward from James Bay where it restricted the southwestward flow of ice from northern Quebec. It is also evident that an active ice dome existed over southern Ungava Bay and northern Quebec early in the Late Wisconsinan for such ice was necessary to dam an extensive system of glacial lakes in the central and southern parts of George River basin. The writer thus refers to the Hudson, New Quebec, and Ungava subsectors of the Labradorean ice mass. There may also have been semi-autonomous centres of activity within the Keewatin complex, judging by the great diversity of glacial trend lines, but these have not as yet been delineated.

During the Wisconsinan and earlier glaciations, ice covered most parts of Canada. A large area in the western Yukon Territory, however, remained free of ice for it lay in the rain and snow 'shadow' of the St. Elias Mountains of Alaska and Yukon Territory (see Glacial Map of Canada). The area covered by ice during the Wisconsinan Glaciation was not as extensive as that covered during earlier glaciations, nor was Late Wisconsinan ice in most areas as extensive as Early Wisconsinan ice. During the Late Wisconsinan Stade a somewhat larger area in the Yukon lay beyond the ice border

glacier des Laurentides du Wisconsinien occupait en effet la partie de la surface canadienne située à l'est de la région de la Cordillère, s'étendait vers le nord jusque dans le sud des îles de l'Arctique, et vers le sud jusque dans le nord des États-Unis (fig. 1)*. Cette masse de glace, qu'il convient d'appeler "inlandsis des Laurentides", comptait trois secteurs: Labrador, Keewatin et Foxe-Baffin. Ces trois masses glaciaires sont demeurées fusionnées pendant une bonne partie de la glaciation wisconsinienne, dont l'origine remonte à environ 120 000 ans, mais chacune a conservé un régime d'écoulement distinct, basé sur des centres qui se déplaçaient lentement. Un autre glacier composé, l'inlandsis de la Cordillère, recouvrait à la fois les zones montagneuses et les basses-terres intérieures de la région de la Cordillère. Il se peut qu'un certain nombre de calottes glaciaires se soient formées dans la région Inuitienne de la partie nord des îles de l'Arctique, mais leur étendue est sujet à controverse. De plus, un autre inlandsis, constitué du glacier du Labrador et de glace dérivée par endroits, recouvrait la majeure partie de la région des Appalaches; il comportait une masse probablement séparée sur l'île de Terre-Neuve et une masse de plus petite taille sur la presqu'île Avalon.

Pendant la glaciation wisconsinienne, le glacier du Labrador a donné naissance à plusieurs centres d'acti-

*Voir la feuille de garde arrière.

2

vité autonomes. Ainsi, vers la fin de la période de déglaciation, la glace recouvrant la baie d'Hudson est devenue indépendante de ses principales sources dans le Nouveau-Québec-Labrador et le Keewatin et a progressé vers le sud en s'éloignant considérablement de la baie James; là, elle a gêné l'écoulement vers le sud-est des glaces en provenance du nord du Québec. Il appert également qu'un dôme glaciaire actif a existé dans le sud de la baie d'Ungava et dans le nord du Québec au début du Wisconsinien supérieur, puisque l'endiguement du vaste réseau de lacs glaciaires dans le centre et le sud du bassin de la rivière George aurait exigé la présence d'une telle masse de glace. C'est ainsi que l'auteur distingue les sous-secteurs d'Hudson, du Nouveau-Québec et d'Ungava du glacier du Labrador. Des centres d'activité semi-autonomes ont peut-être également pris naissance à l'intérieur du glacier composé du Keewatin, autant qu'on puisse en juger par la grande diversité des directions glaciaires, mais ces derniers n'ont pas encore été circonscrits.

Pendant le Wisconsinien et les glaciations antérieures, la glace recouvrait la plupart des régions du Canada. Toutefois, une vaste partie de l'Ouest du Yukon a échappé à l'action des glaciers, car elle se situait dans la zone d'influence des pluies et des neiges du massif St-Élie, chaîne de montagnes commune à l'Alaska et au Yukon (Carte glaciaire du Canada). Néanmoins, la surface recouverte par les glaces était moins considérable

(Fig. 1). Also, the ice-free area or re-entrant between Cordilleran and Laurentide ice extended eastward into the adjacent Northwest Territories; it extended east and southeast towards Mackenzie River valley and southward to near the northern boundary of British Columbia. Valley glaciers protruded into and at times even crossed this re-entrant area during one or more earlier glaciations but not during the Late Wisconsinan. Another major re-entrant between the Cordilleran and Laurentide ice sheets extended northward from Montana along the Foothills of Alberta and perhaps, northward beyond Calgary. This re-entrant between the ice sheets was also much larger during the Late Wisconsinan than in former glacial times and very early during glacial retreat may have extended northward to beyond 56°N. At the same time a part of southern Alberta and southern Saskatchewan, including the Cypress Hills and Wood Mountain areas, either protruded above the Late Wisconsinan ice or lay south of the ice border.

In southeastern Canada the deep Laurentian Channel served as an eastward escape route for both Laurentide and Gaspesian ice. The ice masses over the Atlantic Provinces were not as extensive during the Late Wisconsinan as in former glaciations and thus large parts of Gulf of St. Lawrence, including the Magdalen Islands, remained unglaciated. Farther east, a broad area on the continental shelf off Nova Scotia and Newfoundland lay beyond the glacial limit and was above the sea level of that time (sea level was lower than at present because so much water was locked up in the ice sheets on land).

In the north-northeast of Canada, the Late Wisconsinan Laurentide ice may not have covered parts of the Torngat Mountains of Labrador; such protruding highlands are termed nunataks. Some of the Baffin Island coastal highlands may also have been nunataks but some mountainous parts maintained their own ice cover and helped nourish the northeastern fringe of the Laurentide Ice Sheet. For example, on Baffin Island the Penny Ice Cap (Cumberland Peninsula) remained independent of the main ice sheet though confluent with it at its northwestern end. Separate ice caps developed on Borden and Brodeur peninsulas; Laurentide ice reached only the southern parts of these peninsulas. The ice on Bylot Island was but little different from that of the present. Laurentide ice impinged only on

durant le Wisconsinien qu'au cours des glaciations précédentes et d'ailleurs, dans la plupart des régions, les glaces recouvraient une surface moins importante à la fin de la glaciation wisconsinienne qu'au début. En effet, durant le Wisconsinien supérieur, une partie un peu plus vaste du Yukon est demeurée au delà de la limite des glaces (fig. 1). En outre, le rentrant, soit la région non recouverte par les glaces, situé entre l'inlandsis de la Cordillère et celui des Laurentides s'étendait vers l'est jusque dans la région adjacente des Territoires du Nord-Ouest; elle se prolongeait vers l'est et le sud-est en direction de la vallée du fleuve Mackenzie, et vers le sud jusqu'à proximité de la frontière nord de la Colombie-Britannique. Ce rentrant a été visité et parfois même traversé pas des glaciers de vallée au cours d'une ou de plusieurs glaciations antérieures, mais pas au cours du Wisconsinien supérieur. Un autre rentrant majeur situé entre les inlandsis de la Cordillère et des Laurentides s'étendait vers le nord à partir du Montana en longeant les Foothills de l'Alberta et dépassait peut-être même Calgary. Ce rentrant était aussi beaucoup plus vaste au cours du Wisconsinien supérieur que durant les glaciations antérieures et, au tout début de la phase de retraite des glaciers, franchissait même peut-être le 56° de latitude Nord. En même temps, une partie des régions au sud de l'Alberta et de la Saskatchewan, y compris les collines du Cyprès et la région de Wood Mountain, émergeait des glaces du Wisconsinien supérieur ou gisait au sud de la limite des glaces.

Dans le Sud-Est du Canada, le profond chenal Laurentien a livré passage vers l'est à l'inlandsis des Laurentides et au glacier de la Gaspésie. Les masses de glace chevauchant les provinces de l'Atlantique n'étaient pas aussi considérables durant le Wisconsinien supérieur qu'au cours des glaciations antérieures, et c'est pourquoi de grandes parties du golfe Saint-Laurent, dont les Îles-de-la-Madeleine, n'ont pas été envahies. Plus à l'est, une vaste étendue du plateau continental de la Nouvelle-Écosse et de Terre-Neuve se trouvait hors de la limite des glaces et au-dessus du niveau de la mer de cette époque (le niveau de la mer était alors plus bas qu'aujourd'hui, en raison du volume d'eau considérable emprisonné dans les glaciers continentaux).

Au nord-nord-est du Canada, il est possible que certaines parties des monts Torngat du Labrador aient échappé à l'invasion de l'inlandsis des Laurentides du Wisconsinien supérieur; ce genre de hautes terres en saillie porte le nom de nunataks. Une partie des hautes-terres côtières de l'île de Baffin était peut-être constituée de nunataks, mais certaines zones montagneuses ont conservé leur propre couverture de glace et contribué à alimenter la bordure nord-est de l'inlandsis des Laurentides. Par exemple, la calotte glaciaire Penny (péninsule Cumberland) est demeurée indépendante de l'inlandsis

the western side of Somerset Island; the main part of the island developed its own ice cap with a small nunatak area between it and the Laurentide ice.

In the northwest, the Late Wisconsinan Laurentide ice may not have reached the mouth of Mackenzie River nor covered parts of western Victoria Island. It advanced along Lancaster Sound only as far as the northeastern tip of Banks Island and abutted onto the south shore of Melville Island. Elsewhere the Queen Elizabeth Islands (the northern Arctic Islands) probably had an independent cover of ice caps, piedmont glaciers, and mountain valley glaciers. The full extent and significance of the last ice over the western islands of this group is little known because mass-wasting processes (solifluction) may have destroyed some glacial features and also rendered it difficult to distinguish the work of older ice sheets, including those from the Canadian Shield, from that of the last one. (Boulders of Canadian Shield rocks have been observed on some of the western Arctic Island — hundreds of kilometres beyond the outer limits of the Laurentide Ice Sheet).

As stated earlier, the Late Wisconsinan ice complex is herein considered to have been less extensive than the Early Wisconsinan. Figure 1 is a modern version of the extent of this last ice sheet and differs somewhat from the formerly accepted concepts, now shown herewith as a maximum portrayal. Some scientists consider the older concept more valid, though the author now regards the older or maximum portrayal as applicable in the main to the Early Wisconsinan.

principal, même si elle communiquait avec elle à son extrémité nord-ouest. Des calottes glaciaires distinctes se sont formées sur la péninsule Borden et la presqu'île Brodeur, le glacier des Laurentides n'ayant atteint que les parties sud de ces péninsules. Sur l'île Bylot, la glace différait fort peu de celle d'aujourd'hui. L'inlandsis des Laurentides n'a envahi que le côté ouest de l'île Somerset; la majeure partie de l'île était recouverte par une calotte glaciaire distincte, séparée du glacier des Laurentides par une petite zone de nunataks.

Dans le Nord-Ouest, l'inlandsis des Laurentides du Wisconsinien supérieur n'a peut-être pas atteint l'embouchure du fleuve Mackenzie, ni recouvert certaines régions de la partie ouest de l'île Victoria. Longeant le détroit de Lancaster, il touchait à peine la pointe nord-est de l'île Banks et confinait à la plage sud de l'île Melville. Ailleurs, les îles Reine-Élisabeth (dans le nord des îles de l'Arctique) portaient probablement une couverture distincte de calottes glaciaires, de glaciers de piémont et de glaciers de vallée montagneuse. On connaît mal l'étendue et l'importance de la dernière glaciation des îles occidentales de ce groupe, puisque des mouvements de masse (solifluxion) ont peut-être détruit certaines formes de relief glaciaires, de sorte qu'il est difficile de distinguer les effets des inlandsis plus anciens, notamment les glaciers du Bouclier canadien, de ceux de la dernière glaciation. (Des blocs rocheux appartenant au Bouclier canadien ont été observés dans certaines des îles de l'Arctique situées les plus à l'ouest, soit à des centaines de kilomètres au-delà des limites extérieures de l'inlandsis des Laurentides.)

Ainsi que déjà mentioné, l'auteur du présent document estime que la glaciation du Wisconsinien supérieur a couvert une surface moins considérable que celle du Wisconsinien inférieur. La figure 1, illustration d'une interprétation moderne de l'étendue de cette dernière glaciation , diffère quelque peu de la conception anciennement admise, qui ne devient dorénavant dans le texte qu'une limite d'extension maximale. L'auteur considère que cette interprétation ancienne, à laquelle se rallient encore certains scientifiques, n'est surtout valable que pour le début de la glaciation wisconsinienne.

Selected Bibliography   Bibliographie sélective

Glacial Map of Canada; V.K. Prest, D.R. Grant, and V.N. Rampton, 1968: Geological Survey of Canada, Map 1253 A.

Physiographic Regions of Canada; H.S. Bostock 1969: Geological Survey of Canada, Map 1254 A.

(References listed clockwise from Alaska)

(Les ouvrages de référence se lisent vers la droite, à partir de l'Alaska)

Map showing extent of glaciations in Alaska; compiled by the Alaska Glacial Committee of the United States Geological Survey, with modifications from data supplied by T.D. Hamilton (personal communication, 1980), 1965: U.S.G.S. Miscellaneous Geologic Investigations, Map-1-414.

Quaternary Geology of Alaska; T.L. Péwé, 1975: United States Geological Survey, Professional Paper 835, 145 p.

The Bearing Land Bridge; D.M. Hopkins, 1967: Stanford University Press, 495 p.

Notes on glaciation in central Yukon Territory; H.S. Bostock, 1966: Geological Survey of Canada, Paper 65-36, 14 p.

Glacial limits and flow patterns, Yukon Territory south of 65 degrees north latitude; O.L. Hughes, R.B. Campbell, J.E. Muller, and J.O. Wheeler, 1969: Geological Survey of Canada, Paper 68–34, 9 p.

Surficial geology of northern Yukon Territory and northwestern District of Mackenzie, Northwest Territories; O.L. Hughes, 1972: Geological Survey of Canada, Paper 69-36, 11 p.

Surficial geology, Dawson, Larsen Creek and Nash Creek map-areas, Yukon Territory; P. Vernon and O.L. Hughes, 1966: Geological Survey of Canada, Bulletin 136, 25 p.

Late Pleistocene glaciations of the Snag-Klutlan area, Yukon Territory; V.N. Rampton, 1971: Arctic, v. 24, no. 4, p. 277-300.

Quaternary geology and geomorphology, southern and central Yukon (northern Canada); O.L. Hughes, V.N. Rampton, and N.W. Rutter, 1972: 24th International Geological Congress (Montreal), Guidebook, Field Excursion A-11, 59 p.

Upper Pleistocene stratigraphy, paleoecology and archeology of the northern Yukon interior, eastern Beringia 1. Bonnet Plume Basin; O.L. Hughes, C.R. Harington, J.A. Janssens, J.V. Matthews, Jr., R.E. Morlan, N.W. Rutter, and C.E. Schweger, 1981: Arctic, v. 34, no. 4, p. 329-365.

Surficial materials and landforms of Kluane National Park, Yukon Territory; V.N. Rampton, 1981: Geological Survey of Canada, Paper 79-24, 37 p.

Late Quaternary sea levels in the southern Beaufort Sea; D.L. Forbes, 1980: in Current Research, Part B, Geological Survey of Canada, Paper 80-1B, p. 75-87.

Surficial geology, Tuktoyaktuk, District of Mackenzie; V.N. Rampton and M. Bouchard, 1975: Geological Survey of Canada, Paper 74-53, 17 p.

The Quaternary history of Banks Island, N.W.T., Canada; J.-S. Vincent, 1982: Géographie physique et Quaternaire, v. 3, no. 1-2, p. 209-232.

La géologie du Quaternaire et la géomorphologie de l'Île Banks, Arctique canadien; J.-S. Vincent, (1983): Commission géologique du Canada, mémoire 405.

Mackenzie delta and Arctic coastal plain; J.G. Fyles, 1967: in Report of Activities, Part A, Geological Survey of Canada, Paper 67-1A, p. 34-35.

Winter Harbour moraine, Melville Island; J.G. Fyles, 1967: in Report of Activities, Part A, Geological Survey of Canada, Paper 67-1A, p. 8,9.

Studies of glacial history in Arctic Canada, I. Pumice, radiocarbon dates and differential post-glacial uplift in the eastern Queen Elizabeth Islands; W. Blake Jr, 1970: Canadian Journal of Earth Sciences, v. 7, no. 2, (part 2), p. 634-664.

Studies of glacial history in Arctic Canada, II. Interglacial peat deposits on Bathurst Island; W. Blake Jr., 1974: Canadian Journal of Earth Sciences, v. 11, no. 8, p. 1025-1042.

The advance of Greenland Ice Sheet onto northeastern Ellesmere Island, Northwest Territories, Canada; J. England, 1974: Nature, v. 252, p. 373-375.

Late Quaternary glaciation of the eastern Queen Elizabeth Islands, Northwest Territories, Canada: Alternative models; J. England, 1976: Quaternary Research, v. 6, no. 2, p. 185-202.

The glacial geology of northeastern Ellesmere Island, Northwest Territories, Canada; J. England, 1978: Canadian Journal of Earth Sciences, v. 15, p. 603-617.

Past glacial activity in the Canadian high arctic; J. England, 1978: Science, v. 200, p. 265-270.

Aspects of the glacial history of Bylot Island, District of Keewatin; R.A. Klassen, 1981: in Current Research, Part A, Geological Survey of Canada, Paper 81–1A, p. 317–326.

Quaternary geology of Somerset Island, District of Franklin; A.S. Dyke, in press: Geological Survey of Canada, Memoir 404.

Quaternary geology of Boothia Peninsula and northern District of Keewatin, central Canadian Arctic; A.S. Dyke: Geological Survey of Canada, Memoir 407.

Reconnaissance glacial geology, northeastern Baffin Island; D.A. Hodgson and G.M. Haselton, 1974: Geological Survey of Canada, Paper 74-20, 10 p.

Proposed extent of Late Wisconsin Laurentide ice on eastern Baffin Island; G.H. Miller and A.S. Dyke, 1974: Geology, v. 2, no. 3, p. 125-130.

End moraines and deglaciation chronology in northern Canada with special reference to southern Baffin Island; W. Blake Jr., 1966: Geological Survey of Canada, Paper 66-26, 31 p.

Quaternary geology of Cumberland Peninsula, Baffin Island, District of Franklin; A.S. Dyke, J.T. Andrews, and G.H. Miller, Geological Survey of Canada, Memoir 403.

Glacial and sea level history of southwestern Cumberland Peninsula, Baffin Island, Northwest Territories, Canada; A.S. Dyke, 1979: Arctic and Alpine Research, v. 11, no. 2, p. 179-202.

The maximum extent of the Laurentide Ice Sheet along the east coast of North America during the last glaciation; J.D. Ives, 1978: Arctic, v. 31, no. 1, p. 24-53.

New evidence for an indexpedent Wisconsin-age cap over Newfoundland; I.A. Brookes, 1970: Canadian Journal of Earth Sciences, v. 7, no. 6, p. 1374-82.

Surficial geology of the Avalon Peninsula, Newfoundland; E.P. Henderson, 1972: Geological Survey of Canada, Memoir 368, 121 p.

Quaternary events on the Burin Peninsula, Newfoundland, ånd the islands of St. Pierre and Miquelon, France; C.M. Tucker and S.B. McCann, 1980: Canadian Journal of Earth Sciences, v. 17, no. 11, p. 1462-1479.

Glacial style and ice limits, the Quaternary stratigraphic record, and changes of land and ocean level in the Atlantic Provinces Canada; D.R. Grant, 1977: Géographie physique et Quaternaire, v. 31, no. 3-4, p. 247-260.

Submarine end moraines and associated deposits on the Scotian Shelf; L.H. King, 1969: Geological Survey of America Bulletin, v. 80, p. 83-96.

Late Quaternary history of Magdalen Island, Quebec; V.K. Prest, J. Terasmae, J.V. Matthews Jr., and S. Lichti-Federovich, 1976: Maritime Sediments, v. 12, no. 2, p. 39-59.

Pleistocene stratigraphy of Nantucket, Martha's Vinegard, the Elizabeth Islands, and cape Cod, Massachusetts; R.N. Oldale, 1980: in Late Wisconsin Glaciation of New England, ed. G.J. Larsen and B. Stone; Kendall/Hunt Publishing Co., Dubque, Iowa.

Late Wisconsin glaciation of the southwestern Gulf of Maine; new evidence from the marine environment; B.E. Tucholke and C.D. Hollister, 1973: Geological Society of America Bulletin, v. 84, p. 3279-3296.

Upper Wisconsin till recovered on the continental shelf southeast of New England; M.H. Bothner and E.C. Spiker, 1980: Science, v. 210, no. 24, p. 423-425.

Latest Laurentide Ice Sheet; New evidence from southern New England; R.F. Flint and J.A. Gebert, 1976: Geological Society of America Bulletin, v. 87, no. 2, p. 182-188.

Glacial border deposits of Late Wisconsin age in northeastern Pennsylvania; G.H. Crowl and W.D. Sevon, 1980: Pennsylvania Geological Survey, Harrisburg, Geological Report 71, 68 p.

Glacial Map of the United States, east of the Rocky Mountains, east and west halves; compiled by a committee of the Division of Earth Sciences, National Research Council, Washington, R.F. Flint, Chairman; Geological Society of America, New York, Map Chart 1, 1959.

Glacial map of North America (two halves); compiled by a committee of the Division of Geology and Geography, National Research Council, Washington, R.F. Flint, Chairman; Geological Society of America, New York, 1945, 1949.

Chronology of Late Wisconsinan glaciation in middle North America; L. Clayton and S.R. Moran, 1982: Quaternary Science Reviews, ed. D. Bowen; Pergamon Press Ltd., v. 1, no. 1, p. 55-82.

Glacial map of Montana east of the Rocky Mountains; R.B. Colton, R.W. Lemke and R.M. Lindvall, 1961: United States Geological Survey, Miscellaneous Geological Investigations, Map 1-327.

Quaternary geology of the northern Great Plains; R.W. Lemke, W.M. Laird, M.J. Tipton, and R.M. Lindvall, 1965: in The Quaternary of the United States, ed. H.E. Wright and D. Frey; INQUA VII Congress volume, p. 15-27.

Late Pleistocene history of the western Canadian ice-free corridor, N.W. Rutter, 1980: Canadian Journal of Anthropology, v. 1, p. 1-8.

Stratigraphy and chronology of late interglacial and early Vashon glacial time in the Seattle area, Washington; D.R. Mullineaux, H.H. Waldron, and M. Rubin, 1965: United States Geological Survey, Bulletin 1194-0, p. 1-10.

Advance of the Late Wisconsinan Cordilleran Ice Sheet in southern British Columbia since 22,000 years B.P.; W.H. Mathews, J.J. Clague, and J.E. Armstrong, 1980: Quaternary Research, v. 13, no. 3, p. 322-325.

The glaciation of the Queen Charlotte Islands; A.S. Brown and H. Naismith, 1962: The Canadian Field Naturalist, v. 76, no. 4, p. 209-219.

Radiocarbon dates from Boone Lake and their relations to the ice-free corridor in the Peace River District of Alberta, Canada; J.M. White, R.W. Mathewes, and W.H. Mathews, 1979: Canadian Journal of Earth Sciences, v. 16, no. 9, p. 1870-1874.

An 18,000 year palynological record from the southern Alberta segment of the classical "Wisconsinan Ice-free Corridor"; R.J. Mott and L.E. Jackson, Jr., 1982: Canadian Journal of Earth Sciences, v. 19, no. 3, p. 504-513.

Valley Glaciers, Ice Caps, and Ice Sheets

At present, ice caps with valley glaciers issuing from them are found in the Cordilleran and Innuitian (Queen Elizabeth Islands) regions and on northern and eastern Baffin Island; but only the Barnes Ice Cap, about 9300 km², in central Baffin Island remains as a remnant of the great Laurentide Ice Sheet of the last ice age (Fig. 1 and Glacial Map of Canada). These mountain glaciers and the Barnes Ice Cap help demonstrate glacial conditions and the work of glaciers. Detailed studies of glacier ice and its deposits have been made in both mountain and arctic areas. Glaciers have been examined to determine their temperature, rate of flow, thickness, water content, and density. Also, the materials carried in or on the ice, or deposited in marginal zones, have been studied. Once these materials and their surface expressions are understood, we can logically interpret other similar deposits – where glaciers no longer exist – as being of glacial origin. It was through such deductive reasoning that the early 19th Century naturalists, with experience in the Swiss Alps, first concluded that vast non-mountainous areas of Europe had been glaciated. In 1840 Louis Agassiz popularized suggestions made by a number of other naturalists by publishing his views on widespread glaciation of northern Europe and Asia. This served also to introduce the concept of continental glaciation to North America, and it was strongly supported by Edward Hitchcock of Vermont in 1841; but it was not until the end of the century that this new concept was generally accepted. Previous to this glacial concept, most bouldery deposits were regarded as debris dropped from floating ice at times of continental depression beneath the sea, or debris from a biblical-type flood.

The work of inland glaciers in Canada was first clearly perceived in 1845 (a year before Agassiz came to America) by William Logan, the founder of the Geological Survey of Canada. He presented evidence that a great glacier had scoured the Lake Temiskaming basin in northern Ontario. This was a

Glaciers de vallée, calottes glaciaires et inlandsis

Aujourd'hui, on trouve des calottes glaciaires d'où saillissent des glaciers de vallée dans la région de la Cordillère et la région Inuitienne (îles Reine-Élisabeth), ainsi que dans le nord et l'est de l'île Baffin; cependant, la calotte glaciaire Barnes, couvrant une superficie de 9 300 km² et sise dans le centre de l'île Baffin, demeure le seul vestige de l'inlandsis des Laurentides de la dernière glaciation (fig. 1 et Carte glaciaire du Canada). Ainsi, ces glaciers de montagne et la calotte glaciaire Barnes s'avèrent des sources de renseignements importantes sur les conditions des glaces et l'activité des glaciers. La glace de glacier et ses dépôts ont fait l'objet d'études approfondies en milieu montagneux et dans l'Arctique. Des scientifiques ont étudié des glaciers pour en déterminer la température, la vitesse d'écoulement, l'épaisseur, la teneur en eau et la densité. Des études ont également porté sur les matériaux transportés dans la glace ou à sa surface, ou déposés dans des zones marginales. Une fois comprise la nature et les expressions de surface de ces matériaux, il est alors possible de logiquement attribuer une origine glaciaire à d'autres dépôts semblables, dans les régions où les glaciers ont disparu. C'est d'ailleurs à l'aide de ce genre de déduction que les naturalistes du XIXe siècle sont arrivés, avec l'expérience des Alpes suisses, à la conclusion que de vastes régions non montagneuses de l'Europe avaient été recouvertes par des glaciers. En 1840, Louis Agassiz a popularisé des idées que d'autres naturalistes avaient émises, en publiant ses vues sur la glaciation générale du Nord de l'Europe et de l'Asie. L'idée d'une glaciation continentale s'est ainsi répandue en Amérique du Nord, où Edward Hitchcock, du Vermont, l'a accepté d'emblée en 1841. Toutefois, ce n'est qu'à la fin du siècle que cette notion nouvelle est devenue largement admise. Auparavant, la plupart des dépôts de blocs rocheux étaient considérés comme des débris que la glace flottante avait laissé échapper en période de dépression continentale sous le niveau de la mer, ou encore comme des débris laissés par une crue catastrophique comparable au déluge de la Bible.

Les effets des glaciers intérieurs du Canada ont été clairement reconnus pour la première fois en 1845 (un an avant la venue d'Agassiz en Amérique) par William Logan, fondateur de la Commission géologique du Canada. Celui-ci a démontré qu'un grand glacier avait affouil-

monumental discovery and clearly marks the first real proof of interior lowland glaciers in North America. From the latter part of the 19th Century to the present, great strides have been made in the study of the effects or results of former glaciers, ice caps, and ice sheets responsible for shaping much of Canada's terrain.

Before examining the results of glaciation by way of illustrations of glacial features, certain basic properties of ice should be mentioned thereby permitting a better appreciation of some aspects of glacier behaviour. Primarily, a glacier consists of ice crystals together with some entrapped air, rock debris, and, depending on the temperature, some water. Ice commonly occurs as hexagonal crystals, and in large masses is classed as a rock. In a glacier the crystals are generally equidimensional and may attain a diameter of several centimetres. Initially the crystals comprising a glacier may be randomly oriented, but in a large mass under stress, as in an active glacier, they are aligned preferentially. Ice crystals are weak and under stress will deform plastically by gliding on their basal planes; hence glacier ice deforms readily and may flow under its own weight. The internal flow is probably enhanced by the sliding-rotation of crystals relative to one another, by the migration of crystal boundaries, and by recrystallization processes. Other important factors pertaining to the rate of ice flow are temperature and pressure – these have a direct bearing on conditions at the ice/rock interface where a film of water may form and promote slippage. The physics of ice flow is indeed complex – suffice for our purpose to say that ice does flow. It may flow around or over obstacles and it may either remove, incorporate, or deposit materials.

The rate of ice flow is of concern with respect to resultant landforms. Glaciers are basically slow moving and where ice temperatures are low the glacier may not flow at all. Each glacier has its own particular dynamics dependent mainly on the local climate and the character of the terrain. In addition, the rate of flow varies throughout a glacier according to ice temperature, proximity to bedrock walls and floor, proximity to the glacier terminus, water content, load of debris, and other factors. As a standardization, the rate of flow is usually given for the equilibrium zone where melting and evaporation of snow in summer balance winter accumulation. Generally speaking, the flow rate is

lé le bassin du lac Témiscamingue, dans le Nord de l'Ontario. Cette découverte pour le moins importante constitue nettement la première preuve véritable de l'existence de glaciers dans les basses-terres intérieures de l'Amérique du Nord. De la fin du XIXe siècle à aujourd'hui, des progrès considérables ont été accomplis dans l'étude des effets ou des résultats des anciens glaciers, calottes glaciaires et inlandsis qui ont façonné une bonne partie du territoire canadien.

Avant d'examiner les résultats des glaciations au moyen d'exemples de modelés glaciaires, il serait bon d'expliquer certaines propriétés de la glace de manière à permettre au lecteur de mieux comprendre certains aspects du comportement des glaciers. Essentiellement, un glacier se compose de cristaux de glace, d'air emprisonné, de débris rocheux et, selon la température, d'eau. La glace se présente habituellement sous forme de cristaux hexagonaux et, lorsque sa masse est suffisamment importante, on la classe parmi les roches. Dans un glacier, les cristaux ont généralement la même taille et peuvent atteindre un diamètre de plusieurs centimètres. Au début, les cristaux d'un glacier peuvent être orientés au hasard mais, dans une masse importante soumise à des contraintes, tel un glacier en mouvement, ils s'alignent suivant une direction privilégiée. Les cristaux de glace sont faibles et, soumis à des tensions, ils subissent une déformation plastique par glissement sur leurs plans de base; c'est pourquoi la glace de glacier se déforme facilement et peut s'écouler sous son propre poids. L'écoulement interne de la glace est probablement facilité par le glissement ou la rotation des cristaux les uns par rapport aux autres, par la migration des limites de cristaux et par des processus de recristallisation. La vitesse d'écoulement de la glace dépend aussi d'autres facteurs importants, comme la température et la pression, qui agissent directement sur les conditions régnant au point de rencontre de la glace et de la paroi rocheuse, où une pellicule d'eau peut se former et favoriser le glissement. En fait, la physique de l'écoulement glaciaire est complexe; aux fins du présent document, il suffit de savoir que la glace s'écoule. Elle peut contourner ou surmonter des obstacles; elle peut aussi extraire, engloutir ou déposer des matériaux.

La vitesse d'écoulement de la glace agit sur les formes du relief. En général, les glaciers se déplacent lentement et, lorsque les températures de la glace sont faibles, le glacier peut ne pas s'écouler du tout. Chaque glacier a une dynamique qui lui est propre et sujette surtout au climat local et aux caractéristiques du terrain. En outre, la vitesse d'écoulement varie à l'intérieur d'un même glacier selon la température de la glace, la proximité des parois rocheuses et de la roche en place, la proximité du front de la langue glaciaire, la teneur en

about 1 to 4 m/year for mountain glaciers in a cold climate and up to 300 m/year for mountain glaciers in a warm, maritime environment. This is not necessarily the rate of advance of a glacier snout or margin which is more readily observable than the flow rate and which is of more general interest to the casual observer. Commonly the forward advance of a glacier margin is much slower than the internal rate of flow, due to the effects of melting and evaporation, and is of the order of centimetres to tens of metres per year depending on the climate of the region involved. Some outlet glaciers, however, flow at amazing rates: Jakobshavns Glacier in west-central Greenland is believed to flow at a rate of 7 to 8 km/year. Several outlet glaciers from the Antarctic Ice Sheet are known to flow at more than 1 km/year though the flow in the central part of the ice sheet is only 1 to 5 m/year.

A glacier snout or margin may be stationary or even receding, though the main body of the glacier continues to flow or move towards the margin; a stationary ice front merely denotes a balance between the combined rate of melting and evaporation at the ice front and the rate of ice flow towards the margin. Thus erosion of the bed of a glacier and transport of debris towards its terminus is normally taking place even though, to the casual observer, the glacier may appear dormant because the margin is stationary.

Figures 2 to 7 illustrate glacier characteristics: Figures 2 and 3 show the marginal zones of ice caps and ice fields in the Arctic Archipelago where mountain tops protrude from the ice and active ice-flow is concentrated in the adjoining mountain valleys. Figures 5 to 7 show the lower ends of valley glaciers issuing from the St. Elias Mountains in Yukon Territory. These figures illustrate the mobility of valley glaciers, as well as the debris carried by them. The other photographs may help the reader further appreciate the concepts of ice flow and glacial scour, transport, and deposition.

Glaciers normally deposit much debris at their termini, whether it be their point of farthest advance or a position of retreat or halt. Such debris may constitute a discrete ridge that is referred to as an end moraine (Fig. 6). Where glaciers are confined to valleys, debris also accumulates along the valley sides and, upon melting of the ice, may be left as ridges known as lateral (or marginal) moraines; these are actually up-valley extensions of

eau, la charge de débris et d'autres facteurs. Par convention, la vitesse d'écoulement se calcule généralement dans la zone d'équilibre, c'est-à-dire à l'endroit où l'ablation (fusion et évaporation de la neige) en été et l'accumulation de neige en hiver s'équilibrent. En règle générale, la vitesse d'écoulement est d'environ 1 à 4 m/a pour les glaciers de montagne sous un climat froid, et peut atteindre 300 m/a dans le cas des glaciers de montagne dans un milieu maritime et chaud. Il ne s'agit pas là nécessairement de la vitesse d'avancée du front ou de la marge du glacier, soit un phénomène déjà plus facile à observer que la vitesse d'écoulement, et présentant d'ailleurs plus d'intérêt pour l'observateur occasionnel. La vitesse de progression de la marge d'un glacier est habituellement beaucoup plus faible que la vitesse d'écoulement interne, à cause des effets de la fusion et de l'évaporation; elle varie entre quelques centimètres et quelques dizaines de mètres par année, selon le climat de la région considérée. Certains glaciers de décharge, toutefois, s'écoulent à des vitesses étonnantes. Ainsi, on estime que le glacier Jakobshavns, dans le centre-ouest du Groenland, s'écoule à un rythme de 7 à 8 km/a. Plusieurs glaciers de décharge de l'inlandsis de l'Antarctique atteignent une vitesse d'écoulement supérieure à 1 km/a, bien que la vitesse observée dans la partie centrale de l'inlandsis ne soit que de 1 à 5 m/a.

Le front ou la marge d'un glacier peut être stationnaire ou même en recul, même si le corps du glacier continue à s'écouler ou à se déplacer en direction de la marge; un front glaciaire stationnaire indique qu'il y a équilibre entre la vitesse d'ablation au front glaciaire et la vitesse de l'écoulement glaciaire vers la marge. Ainsi, l'érosion du lit d'un glacier et le transport des débris vers son front sont des processus constants, même si, aux yeux de l'observateur occasionnel, le glacier peut paraître stagnant à cause de l'immobilité de la marge.

Les figures 2 à 7 illustrent des caractéristiques des glaciers. En effet, les figures 2 et 3 montrent des zones marginales de calottes glaciaires et de champs de glace dans l'archipel de l'Arctique, où des sommets de montagne émergent de la glace et où l'écoulement glaciaire est concentré dans les vallées montagneuses adjacentes. Les figures 5 à 7 montrent les extrémités inférieures de glaciers de vallée provenant du massif St-Élie, au Yukon. Elles illustrent la mobilité des glaciers de vallée et montrent les débris qu'ils transportent. Les autres photographies pourront aider le lecteur à mieux saisir les notions d'écoulement glaciaire, d'érosion glaciaire, de transport et de dépôt.

En temps normal, les glaciers déposent de grandes quantités de débris en leurs fronts, peu importe la phase où ils se trouvent: maximum d'extension, retraite ou temps d'arrêt. Ces matériaux de transport peuvent former

the end moraine. Where tributary valley glaciers meet, their adjoining accumulations of debris combine to form a medial moraine on the active glacier. Many merging ice streams along a major valley may give the valley glacier a markedly banded appearance (Fig. 5, 7). On the demise of such a valley glacier the larger bands may be left as low ridges termed medial moraines; such drift ridges, however, are relatively uncommon as the quantities of debris brought in from the valley sides are much attenuated by glacier transport down-valley.

Some glaciers flow or move forward at a rapid rate for a short time between longer periods of much slower flow; these are termed surging glaciers. A surge involves the relatively rapid transfer of ice from an upper and thicker part of a glacier to a lower and thinner part. Here again, the physics of ice flow is complex, suffice to say that the main factors involved are probably changes in water content and in temperature. A surging glacier in Iceland advanced its terminus 8 km in one year, with a maximum speed of 7 m/hour being recorded. Steele Glacier in Yukon Territory made a spectacular advance in 1966 with an average velocity of 10.1 m/day; certain drift features on the glacier surface were displaced 8 km down-glacier by the close of

the following summer (Fig. 8). The effects of surges have been recognized on other glaciers in the St. Elias Mountains, on Ellesmere Island (Otto Glacier), and on Barnes Ice Cap on Baffin Island. Evidence also exists that surging took place during the retreat of the Laurentide Ice Sheet. For example, late in the period of ice retreat, the thick glacier ice remaining in Hudson Bay surged southward into a glacial lake; geological information suggests an overall advance of about 250 km in 100 years — some 5 to 10 m/day.

Surging or rapid flow was probably not of great importance in the build-up and advance of the Laurentide Ice Sheet; it is more likely that normal flow rates prevailed. Also, the large ice sheets did not originate from point sources and then spread radially to cover much of the continent; instead, as the climate cooled so that snow accumulations could survive throughout the summer season over progressively wider areas, many scattered snow fields became glacier ice and merged to form ice sheets. Thus glaciers may have engulfed areas at a relatively rapid rate during glacial periods (the instantaneous glacierization hypothesis) though the actual rate of ice flow was relatively slow. Nevertheless the expansion of the last or Laurentide Ice Sheet appears to have been controlled mainly by a

une crête distincte à laquelle on donne le nom de moraine frontale (fig. 6). Lorsque les glaciers sont confinés dans des vallées, des débris s'accumulent également le long des versants des vallées et, après la fusion de la glace, peuvent former des crêtes rocheuses appelées moraines latérales; il s'agit en fait de prolongements de la moraine frontale en amont de la vallée. Lorsqu'il y a confluence de glaciers de vallée tributaires, leurs accumulations de débris respectives s'unissent pour former une moraine médiane sur le glacier actif. La confluence de nombreux torrents glaciaires dans une vallée majeure peut contribuer à l'apparition d'une zonation prononcée dans le glacier de vallée (fig. 5 et 7). Après la disparition de ce glacier, les bandes les plus larges peuvent former des crêtes basses qui portent le nom de moraines médianes; ces crêtes morainiques sont néanmoins assez peu communes, puisque le transport glaciaire vers l'aval réduit considérablement les quantités de débris provenant des versants de la vallée.

Certains glaciers connaissent une brève période d'écoulement rapide entre de longues périodes d'écoulement beaucoup plus lent; on dit que ces glaciers sont en crue. Une crue glaciaire consiste en un transfert de glace assez rapide d'une couche élevée et épaisse d'un glacier à une couche plus basse et plus mince. Là encore, la physique de l'écoulement glaciaire est complexe, et il faut donc se contenter de dire que ce transfert est probablement attribuable à des variations de la teneur en eau

et de la température. En Islande, un glacier en crue a progressé de 8 km en une seule année, atteignant même une vitesse de pointe de 7 m/h. Au Yukon, le glacier Steele a accompli une avancée spectaculaire en 1966, maintenant une vitesse moyenne de 10,1 m/d; à la fin de l'été suivant, certaines formes morainiques à la surface du glacier avaient été déplacées de 8 km vers l'aval du glacier (fig. 8). Les effets de ces rapides avancées glaciaires ont été observés sur d'autres glaciers dans le massif St-Élie, sur l'île Ellesmere (glacier Otto) et sur la calotte glaciaire Barnes de l'île Baffin. Il existe aussi des indications selon lesquelles une crue glaciaire se serait produite pendant la phase de retrait de l'inlandsis des Laurentides. Par exemple, vers la fin de la période de recul, l'épaisse glace de glacier qui subsistait dans la baie d'Hudson se serait écoulée rapidement, vers le sud, dans un lac glaciaire; d'après les données géologiques, le glacier aurait progressé d'environ 250 km en 100 ans, soit 5 à 10 m/d.

Les crues glaciaires ou périodes d'écoulement rapide n'ont probablement pas joué un rôle important dans la formation et la progression de l'inlandsis des Laurentides; des vitesses d'écoulement normales se sont probablement maintenues la plupart du temps. En outre, les grands glaciers continentaux ne provenaient pas de sources ponctuelles et, par conséquent, il serait faux de croire qu'ils se sont répandus dans toutes les directions

dominance of accumulation in central Quebec, in District of Keewatin, and in western Baffin Island.

The transport of materials from known source areas to a distant locale may thus be used as a means of determining rates of flow and the time encompassed by a glacial period. For example, rocks that outcrop in the Hudson Bay/James Bay area occur in the glacial debris of northwestern Ontario as far as 1000 km to the west and southwest (see Glacial Erratics). If we assume an overall average rate of ice flow of 10 m/year, then at least 100 000 years is required for this transport. It may, however, be argued that this overall transport distance is the cumulative result of several periods of glaciation, but this is unlikely as these foreign rock types are restricted in Ontario to a relatively narrow belt, whereas older ice-flow trends, preserved as various ice-flow indicators, are widely divergent.

Other examples exist of long distance transport that is even more clearly related to a single period of glaciation. For example, a long line of glacier-tranported blocks of a characteristic pebbly quartzite that outcrops near Jasper, Alberta has been traced down Athabasca River valley to the Foothills; there, the valley glacier met the continental Keewatin ice (already far advanced) and was deflected southeastward. The quartzite blocks were left in a narrow belt along the Foothills and extend southerly into Montana (see Glacial Erratics). These blocks clearly denote the former margin of Keewatin ice related to one specific glacial advance (believed Early Wisconsinan). This chain of erratics is about 600 km long, suggesting transport over many tens of thousands of years. This contrasts markedly with the mere 10 000 years that was required for the full retreat of the last ice-sheet complex.

pour couvrir une bonne partie du continent. Leur croissance s'explique plutôt par le refroidissement graduel du climat, qui a progressivement élargi les régions où les accumulations de neige persistaient tout au long de la période estivale; c'est ainsi que de nombreux champs de neige dispersés ont été transformés en glace de glacier et ont fusionné pour former des inlandsis. Il est donc possible que des glaciers aient envahi des régions assez rapidement au cours des périodes glaciaires (hypothèse de la glaciation spontanée), malgré la vitesse d'écoulement réellement assez faible de la glace. Il semble néanmoins que l'on puisse attribuer la croissance du dernier inlandsis, soit l'inlandsis des Laurentides, surtout à l'importance de l'accumulation de neige dans le centre du Québec, dans le district de Keewatin et dans l'ouest de l'île Baffin.

Dès lors, on parvient à déterminer les vitesses d'écoulement et la durée d'une période glaciaire d'après les matériaux transportés loin des sources connues. Par exemple, certaines roches qui affleurent dans la région des baies d'Hudson et James se rencontrent également dans les matériaux de transport glaciaires du Nord-Ouest de l'Ontario, jusqu'à 1 000 km de distance vers l'ouest et le sud-ouest (voir Blocs erratiques). En supposant une vitesse d'écoulement moyenne de 10 m/a, il faut au moins 100 000 ans aux matériaux pour parcourir cette distance. D'aucuns pourraient soutenir que cette distance globale est le résultat cumulatif de plusieurs pé-

riodes de glaciation, mais il s'agit là d'une hypothèse peu probable étant donné que ces types de roches exotiques ne se retrouvent que dans une zone assez étroite en Ontario, tandis que les directions des écoulements glaciaires plus anciens, révélées grâce à divers indicateurs, divergent sensiblement. Il existe d'autres cas de longs transports qui sont rattachés, de façon encore plus manifeste, à une seule période de glaciation. Par exemple, près de Jasper, en Alberta, affleure un long alignement de blocs erratiques constitués essentiellement d'un quartzite caillouteux caractéristique, que l'on a pu suivre en remontant le long de la vallée de la rivière Athabaska, jusqu'aux Foothills; là, le glacier de vallée a rencontré le glacier continental du Keewatin (qui se trouvait déjà à un stade avancé de sa progression), puis a été dévié vers le sud-est. Les blocs de quartzite occupent une zone étroite qui longe les Foothills et s'étend vers le sud jusque dans le Montana (voir Blocs erratiques). Ces blocs correspondent manifestement à l'ancienne marge du glacier du Keewatin au cours d'une glaciation en particulier (on croit qu'il s'agit de celle du Wisconsinien inférieur). Cet alignement de blocs erratiques a près de 600 km de longueur, phénomène qui laisse supposer que le transport des matériaux a pris de nombreuses dizaines de milliers d'années. Il s'agit là d'une période de temps considérable si l'on songe que le retrait du dernier inlandsis composé a pris 10 000 ans à peine.

Selected Bibliography   Bibliographie sélective

The glacial theory, (see) Chapter 2, Development of concepts; in glacial and Quaternary Geology, R.F. Flint, 1971: John Wiley and Sons Inc. (re Louis Agassiz).

First anniversary address before the Association of American Geologists; E. Hitchcock, 1841: American Journal of Science, v. 41, p. 232-275.

Glacial action; in Report of Progress for the Year 1845-46; Wm. E. Logan, 1847: Geological Survey of Canada, Summary Report, p. 71-75.

Studies in the physical geography of north-central Baffin Island, Northwest Territories; J.D. Ives and J.T. Andrews, 1963: Geographical Bulletin, no. 19, p. 5-48.

Catastrophic advance of the steele Glacier, Yukon Canada; L.A. Bayrock, 1967: Boreal Institute, University of Alberta, Publication No. 3, 35 p.

Glacial Map of Canada; V.K. Prest, D.R. Grant, and V.N. Rampton, 1968: Geological Survey of Canada, Map 1253A.

Retreat of Wisconsin and Recent Ice in North America; V.K. Prest, 1969: Geological Survey of Canada, Map 1257A.

Observation of the surge of Steele Glacier, Yukon Territory, Canada; A.D. Stanley, 1969: Canadian Journal of Earth Sciences, v. 6, no. 4, p. 819-830.

The Physics of Glaciers; W.S.B. Paterson, 1969: Pergamon (Press) of Canada Ltd., Toronto, 247 p., 1st edition; 1981, 2nd edition.

The Wisconsin Laurentide Ice Sheet: dispersal centers, problems of rates of retreat, and climatic implications; J.T. Andrews, 1973: Arctic and Alpine Research, v. 5, no. 3, part 1, p. 185-199.

Water release from the base of active glaciers; M. Stapausky and C.P. Gravenor, 1974: Geological Society of America Bulletin, v. 85, p. 433-436.

Glacial Systems — An Approach to Glaciers and their Environments; J.T. Andrews, 1975: Duxbury Press, North Scituate, Massachusetts, 191 p.

Growth and decay of the Laurentide Ice Sheet and comparisons with Fennno-Scandinavia; J.D. Ives, J.T. Andrews, and R.G. Barry, 1975: Die Naturwissenschaften, v. 62, no. 3, p. 118-125.

Glaciers and Landscapes – A Geomorphological Approach; D.E. Sugden and B.S. John, 1976: Edward Arnold (Publisher) Ltd., London, England. Ice thickness measurements and their implications with respect to past and present ice volumes in the Canadian High Arctic; R.M. Koerner, 1977: Canadian Journal of Earth Sciences, v. 14, no. 12, p. 2697-2705.

Glacial inception and disintegration during the last glaciation; J.T. Andrews and R.G. Barry, 1978: Annual Review of Earth and Planetary Sciences, v. 6, p. 205-228.

The Keewatin Ice Sheet: re-evaluation of the traditional concept of the Laurentide Ice Sheet; W.W. Shilts, C.M. Cunningham, and C.A. Kaszycki, 1979: Geology, v. 7, p. 537-541.

Glossary of Geology; ed. R.L. Bates and J.A. Jackson, 1980: American Geological Institute, Washington, D.C., 2nd edition.

Flow patterns in the central North American ice sheet; W.W. Shilts, 1980: Nature, v. 286, no. 5770, p. 213-218.

Figure 2. Ice field adjoining ice cap, Victoria and Albert Mountains, east coast Ellesmere Island, Queen Elizabeth Islands (80°18'N, 74°21'W); view to the east; John Richardson Bay is at top right and Kane Basin and Greenland in the background. NAPL T400L-201

Figure 2. Champ de glace attenant à une calotte glaciaire, monts Victoria et Albert, côte est de l'Île Ellesmere, dans les îles Reine-Élisabeth (80°18'N, 74°21'W); vue prise en direction de l'est; la baie John Richardson visible dans le coin supérieur droit et le bassin Kane et le Groenland, à l'arrière-plan. PNA T400L-201.

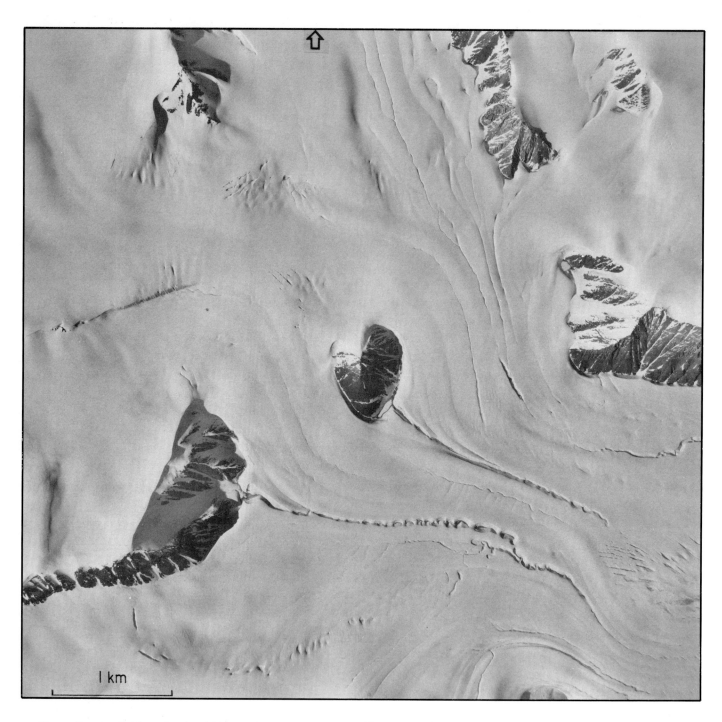

Figure 3.   Ice field south of Dobbin Bay, northeastern Ellesmere Island, Queen Elizabeth Islands (79°35'N, 74°20'W); the
ice-flow pattern is revealed by meltwater streams and crevasses.
Only the highest mountains protrude above the ice.
NAPL T400C-225

*Figure 3.   Champ de glace au sud de la baie Dobbin, au nord-
est de l'île Ellesmere, dans les îles Reine-Élisabeth (79°35'N,
74°20'W); le régime d'écoulement de la glace se manifeste par
les torrents d'eau de fonte et les crevasses que l'on peut voir.
Seuls les pics les plus élevés émergent de la glace.
PNA T400C-225.*

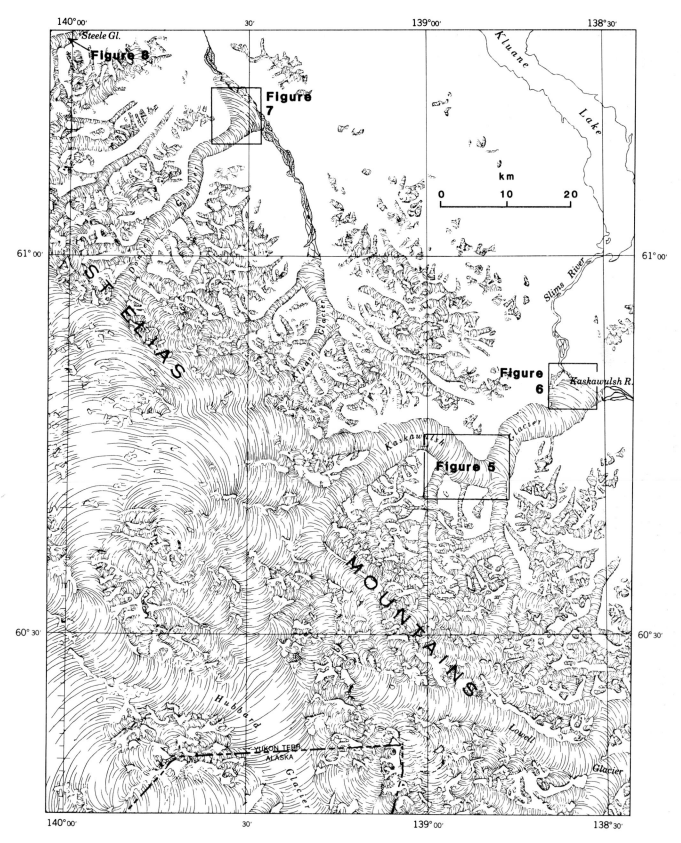

Figure 4.   Topographic map showing ice fields and valley glaciers (see Fig. 5 to 8) along the northeast side of the St. Elias Mountains, Yukon Territory (part of St. Elias map-area NTS 115 SW & SE).

Figure 4.   Carte topographique montrant des champs de glace et des glaciers de vallée (voir fig. 5-8) qui longent le versant nord-est du massif St-Élie, au Yukon (partie de la carte de la région du massif St-Élie, SNRC 115 SW et SE).

Figure 5. Kaskawulsh Glacier, Yukon Territory (see Fig. 4), displaying spectacular medial and lateral moraines. Stereoscopic pair (best viewed with a pocket, magnifying stereoscope), NAPL A15517-51, 52

Figure 5. Glacier Kaskawulsh, au Yukon (voir fig. 4), dont les moraines médianes et latérales sont tout à fait spectaculaires. Couple stéréoscopique (utiliser un stéréoscope de poche à pouvoir grossissant). PNA A15517-51, 52.

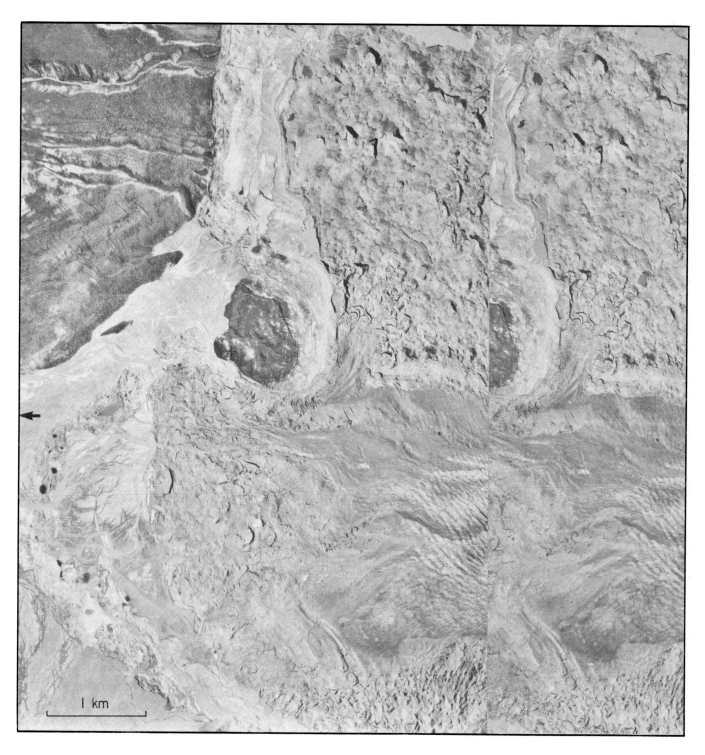

Figure 6a. Terminus of Kaskawulsh Glacier; note the braided outwash, end moraine, dead-ice moraine, and the debris-covered and crevassed ice. This glacier terminus is at the head end of both Slims River (to the north) and Kaskawulsh River draining the eastern side of the terminus. Stereoscopic pair,. NAPL A12856-88, 89

Figure 6a. Front du glacier Kaskawulsh; à noter, l'épandage fluvio-glaciaire anastomosé, la moraine frontale, la moraine de glace morte et la glace crevassée et couverte de débris. Ce front se trouve près de la source des rivières Slims (vers le nord) et Kaskawulsh qui en drainent le côté est. Couple stéréoscopique, PNA A12856-88, 89.

Figure 6b, c.   Ground views of terminal zone of Kaskawulsh Glacier, taken from the large bedrock 'island' visible in Figure 6a;   b) View to the southeast across dead-ice moraine; c) View northwest over dead-ice moraine, end moraine, outwash, and headwaters of Slims River. J.O. Wheeler, GSC 123569, 123571

Figure 6b, c.   Le front du glacier Kaskawulsh, vu du sol. Photos prises de la grande "île" de roche en place que l'on voit à la figure 6a; 6b) Vue prise en direction du sud-est, au-delà de la moraine de glace morte; 6c) Vue du nord-ouest au-delà de la moraine de glace morte, de la moraine frontale, de l'épandage fluvio-glaciaire et des eaux près de la source de la rivière Slims. J.O. Wheeler, CGC 123569, 123571.

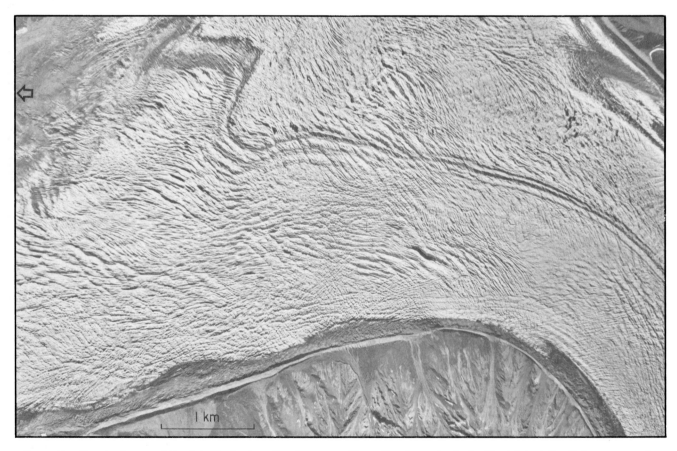

1 km

Figure 7.   Terminal zone of Donjek Glacier (see Fig. 4); note the marginal (lateral) and medial moraines and the crevassed ice. NAPL A11383-134

Figure 7.   Front du glacier Donjek (voir fig. 4); à remarquer, les moraines bordières (latérales) et médianes et la glace crevassée. PNA A11383-134.

Figure 8.   Steele Glacier, Yukon Territory (see Fig. 4) after the surge of 1966. Photos courtesy of Inland Waters Directorate.
a)   View of an upper part of the glacier; a surface lowering of about 30 m is revealed by the ice stranded along the valleysides. GSC 203797-K
b)   View of the lower end of the glacier which has ploughed into and incorporated older, stranded and debris-covered dead ice. GSC 203797-Q
c)   View of glacier margin near the terminus; the jumble of both debris and ice forms a near vertical cliff about 30 m high. GSC 203797-R
d)   View of the crevassed terminus; note that the surged ice has pushed into and displaced older glacier ice. GSC 200737-D

Figure 8.   Glacier Steele, au Yukon (voir fig. 4), après la crue de 1966. Photos gracieuseté de la Direction générale des eaux intérieures.
a)   Vue d'une partie supérieure du glacier; un abaissement de la surface d'environ 30 m est révélé par la présence de glace abandonnée le long des versants de la vallée. CGC 203797-K.
b)   Vue de la partie inférieure du glacier qui a labouré et englouti de la glace morte plus ancienne, abandonnée et couverte de débris. CGC 203797-Q.
c)   Vue d'une marge de glacier, près du front; l'amas de débris et de glace forme une falaise presque verticale d'une hauteur d'environ 30 m. CGC 203797-R.
d)   Vue du front crevassé; à noter que le glacier en crue a pénétré dans une glace de glacier plus ancienne et l'a déplacée. CGC 200737-D.

Figure 9. Athabasca Glacier, Jasper National Park, Alberta; lateral (marginal) moraines are built along the valleysides and curve around the former glacier snout position.

a) 1952: note the vehicle tracks on the glacier terminal zone. A. MacS. Stalker, GSC 147803.

b) 1977: note the amount of terminal retreat and thinning over the elapsed 25 years and also the public access road now on the outside of the lateral moraine. Courtesy of Applied Hydrology Division, Environment Canada, GSC 203797-M

Figure 9.   Glacier Athabasca, Parc national de Jasper, en Alberta; des moraines latérales (bordières) se sont formées le long des versants des vallées et contournent l'ancien front du glacier.

a) 1952: à noter, les marques de pneus laissées par un véhicule sur le front du glacier. A. MacS. Stalker, CGC 147803.

b) 1977: à noter, le recul et l'amincissement considérables du front durant les 25 années qui se sont écoulées, et la route d'accès public qui se trouve maintenant à la limite extérieure de la moraine latérale. Avec la permission de la Division de l'hydrologie appliquée, ministère fédéral de l'Environnement, CGC 203797-M.

Figure 10.
a) Glacier on Bylot Island, District of Franklin (73°12'N, 79°46.5'W), showing well developed end moraine, lateral and medial moraines, and outwash fans. R.A. Klassen, GSC 203639-I
b) Low-angle aerial view of an unnamed valley glacier in Yukon Territory (61°47'N, 128°54'W). A former glacier limit or trimline (from historic time) is clearly seen on the valleyside; note also the medial moraines on the glacier and their well preserved distinctive debris beyond the glacier terminus. R.G. Hélie, GSC 203846

Figure 10.
a) Glacier de l'île Bylot, dans le district de Franklin (73°12'N, 79°46,5'W), doté d'une moraine frontale, de moraines latérales et médianes et de cônes d'épandage bien développés. R.A. Klassen, CGC 203639-I.
b) Vue aérienne peu inclinée d'un glacier de vallée sans nom, au Yukon, (61°47'N, 128°54'W). La limite de la marge d'un ancien glacier (temps historique) se discerne clairement sur le versant de la vallée; à noter aussi, les moraines médianes sur le glacier et leurs débris distinctifs et bien conservés au-delà du front. R.G. Hélie, CGC 203846.

Figure 11.　Late summer photo of the northern end of Barnes Ice Cap, Baffin Island (70°24′N, 73°48′W). Note the complete removal of the 1961-62 snow cover; stratification of the ice is revealed by the slope of the ice cap; the contorted foliation – high on the ice cap – though suggestive of former surges, may be related to snowline positions during the summer melt period. Note calving into Conn Lake in upper left. NAPL A17047-148

Figure 11.　Photo de l'extrémité nord de la calotte glaciaire Barnes, dans l'île Baffin (70°24′N, 73°48′W), prise vers la fin de l'été. À noter, la disparition de la couverture neigeuse de 1961-1962; la stratification de la glace est révélée par la pente de la calotte; la foliation déformée observée très haut sur la calotte glaciaire, bien qu'elle laisse supposer l'existence d'anciennes crues glaciaires, pourrait être liée à des positions de la ligne des neiges durant la période de fonte estivale. À noter également, le vêlage dans le lac Conn, dans le coin supérieur gauche. PNA A17047-148.

Ice-scoured Bedrock

Having briefly discussed glaciers and glacier movement, attention is now directed to the effects or results of glaciation. Bedrock surfaces beneath and alongside present-day Arctic and Cordilleran glaciers have been observed to bear certain markings indicative of the 'flow' of the ice. Thus the occurrence of such markings, associated with other evidence of glaciation, in regions now remote from glaciers serves to substantiate the former presence of glacier ice and to indicate the directions of ice movement.

Glacially scoured surfaces are a common sight in most areas of Canada where bedrock is exposed. Such surfaces display an assortment of minor glacial features or markings that are best preserved on hard to medium hard, fine textured rocks such as lava, quartzite, limestone, and dolostone. In areas of soft rock, and even some hard rock, minor features may be destroyed readily by weathering processes; but where such rock surfaces have been protected by overburden until recently uncovered, scoured and polished surfaces may be well preserved.

The most common markings or indicators left by glacier ice are simple elongate scratches known as glacial striations or striae (Fig. 12). These are made by rock and mineral fragments embedded in the sole of the glacier and dragged along by the ice as it slowly slides or flows over the bedrock surface. Where the ice flows along the trend of interlayered or variably banded rocks of unequal hardness, it may erode deeper into the soft rock to form a glacial groove (Fig. 14); the debris-laden ice removes the softer rock differentially. But even hard, massive rocks can be grooved if the ice flow is sustained and if the ice contains the necessary grinding tools; minor surface depressions may intensify the flow locally and so promote differential erosion which, if prolonged, may produce deep grooves in such rocks. Grooves are generally a few centimetres deep but in places are up to several metres deep, and may be many metres long. Grooves are commonly deeper on the edges of rock outcrops facing the flow of the ice, but they may deepen down-ice on some flat surfaces. The walls and bottoms of glacial grooves are commonly

Décapage glaciaire de la roche en place

Après cette brève étude des glaciers et de leurs mouvements, il s'agit maintenant d'aborder la question des effets ou des conséquences de la glaciation. On a constaté que les surfaces de la roche en place sur lesquelles les glaciers modernes de l'Arctique et de la Cordillère reposent ou viennent s'appuyer portent certaines marques dont l'étude permet d'établir le sens de l'écoulement glaciaire. Ainsi, la présence de ces marques, conjuguée à d'autres indices de glaciation, dans des régions actuellement éloignées des glaciers confirme l'existence de glace de glacier à des époques antérieures et indique les directions des mouvements glaciaires.

On trouve couramment des surfaces décapées par des glaciers dans la plupart des régions du Canada où affleure la roche en place. Ces surfaces présentent une variété de micro-modelés glaciaires ou de marques qui se préservent d'autant mieux que la roche qui les porte a une dureté élevée à moyenne et une texture fine, comme la lave, le quartzite, le calcaire et la dolomie. Sur des roches tendres, et même sur certaines roches dures, les micro-modelés glaciaires peuvent être facilement détruits par des processus d'altération; toutefois, les surfaces décapées et polies par des glaciers peuvent être bien préservées si, bien que récemment découvertes, elles ont jusqu'alors été protégées par une couverture de morts-terrains.

Les marques les plus souvent observées sont de simples éraflures allongées appelées stries glaciaires (fig. 12). Elles ont été produites par des fragments de roches et de minéraux enchâssés dans les couches inférieures du glacier et entraînés par la glace dans son lent glissement sur la roche en place. Lorsque le glacier s'écoule dans la direction de roches interstratifiées ou à zonation variable qui n'ont pas toutes la même dureté, il peut éroder plus profondément la roche tendre et ainsi produire une cannelure glaciaire (fig. 14); la glace chargée de débris déloge la roche plus tendre par érosion différentielle. Cependant, le glacier peut aussi creuser des cannelures dans des roches dures et massives s'il a un écoulement soutenu et s'il renferme les agents de broyage suffisants; les petites dépressions superficielles peuvent intensifier l'écoulement par endroits et ainsi favoriser une érosion différentielle qui peut, étant donné un délai suffisant, produire de profondes cannelures dans ces roches. Les cannelures ont généralement quelques centimètres de profondeur, mais peuvent atteindre par endroits plusieurs mètres de profondeur et de nombreux mètres de

striated and polished. Glacial grooves may also have developed where pre-existing, water-eroded channels were fortuitously aligned approximately parallel to the ice-flow direction; such channels may be deepened, somewhat straightened, well striated, and polished.

Although striae on any rock surface indicate the trend of the former flow of ice, they do not give the actual direction of the movement. Careful examination of well striated surfaces, however, will generally reveal other clues that indicate the actual direction of the former glacier flow. For example, some striae are wedge-shaped or have a distinct enlargement or 'head' at one end and are appropriately termed wedge and nail-head striae, respectively (Fig. 13). Generally speaking the ice flowed in the direction of their wider ends. Wedge and nail-head striae are reliable indicators of the actual ice-flow direction when found on flat surfaces of rocks of uniform lithology but are less reliable individually when found on stoss slopes of non-uniform or pebbly rocks.

Where the debris within the base of the ice did not move smoothly but rather chattered over the rock surface, a series of closely spaced, small, curved fractures or friction cracks may result; where these are small and comprise part of a shallow groove they are commonly termed chatter marks. These are generally about a centimetre across and approximately at right angles to the direction of glacier movement; where they are clustered along a line, up to several metres in length, it generally parallels adjacent striae and ice flow. In places these aligned markings are at an appreciable angle to the striae, perhaps due to the size and shape of the ice-held boulder causing them, or alternatively to a shift in the direction of the ice flow. In general the chattering movement may be the result of the temperature of the basal ice; the size, shape, and character of the objects contained within it; the angle of impingement of the debris-laden ice on the rock surface; or to a combination of such factors. Chatter marks, like striae, seldom provide conclusive evidence of the actual sense or direction of the ice flow but where the individual marks are clearly crescentic in outline, their open or concave sides are down-ice.

Larger and generally less repetitive aligned fractures, a few centimetres to a metre or more in length, that are similarly concave or open-ended

longueur. Elles sont habituellement plus profondes sur les bords des affleurements rocheux qui font face à l'écoulement glaciaire, mais elles peuvent aussi se creuser en aval sur certaines surfaces planes. Les parois et les fonds des cannelures glaciaires sont généralement striées et polies. Il peut également s'en former là où des chenaux préalablement érodés par l'eau se sont alignés par hasard suivant un plan à peu près parallèle à la direction de l'écoulement glaciaire; ces chenaux sont parfois surcreusés, un peu redressés, bien striés et polis.

Bien que les stries à la surface de la roche indiquent le sens d'un écoulement glaciaire antérieur, elles ne permettent pas de déterminer la direction véritable du mouvement du glacier. Cependant, un examen attentif de surfaces bien striées révèle généralement d'autres indices au sujet de la direction réelle du mouvement de l'ancien glacier. Par exemple, certaines stries ont une forme en coin ou présentent une extrémité évasée, d'où leur nom, respectivement, de stries en forme de coin et stries en tête de clou (fig. 13). En général, le glacier s'écoulait dans la direction de leur extrémité la plus large. Les stries en coin et en tête de clou constituent des indicateurs fiables de la direction réelle de l'écoulement glaciaire lorsque la roche qui les porte à une surface plane et une lithologie uniforme; cependant, une strie donnée s'avère un indicateur moins efficace si elle se trouve sur la face amont de rochers non uniformes ou cailouteux.

Lorsque les débris enchâssés dans la couche inférieure du glacier, au lieu de se déplacer d'un mouvement régulier, "broutent" sur la surface de la roche en place, ils peuvent produire une série de petites fissures curvilignes et étroitement espacées que l'on appelle fissures de friction. Les fissures de petite taille qui couvrent une partie d'une cannelure peu profonde sont appelées fractures de broutage. Ces dernières, en général larges d'environ un centimètre, s'orientent à peu près perpendiculairement à la direction du mouvement du glacier; groupées, elles peuvent aussi former un alignement de plusieurs mètres souvent parallèle aux stries voisines et à la direction de l'écoulement glaciaire. Par endroits, ces trains de marques forment un angle appréciable avec les stries, peut-être à cause de la taille et de la forme du bloc erratique qui les a produits ou par suite d'un changement de direction de l'écoulement glaciaire. En règle générale, le broutage peut être attribuable à la température de la glace de fond, à la taille, la forme et la nature des matériaux qu'elle renferme, à l'angle sous lequel la glace chargée de débris heurte la roche en place ou encore à une combinaison de ces facteurs. Les fractures de broutage, comme les stries, donnent rarement des indications concluantes au sujet de la direction véritable du mouvement du glacier mais, lorsqu'elles ont nettement la forme d'un croissant, leur concavité s'oriente vers l'aval.

down-ice, have been termed crescentic fractures though their actual outline may not be truly crescentic (Fig. 18). These are steeply dipping fractures commonly found on nearly flat surfaces. Similar appearing, but generally scattered fractures, with the reverse configuration, occur on the scoured ends (stoss side) of outcrops; these are herein termed reverse crescentic fractures. Both types of fracture are induced by the pressure of the ice on its contained boulders, but the former is likely due to a repetitive or chattering motion, and the latter to a 'point'-applied force by a rolling stone.

Commonly both types of fracture are accompanied by intersecting secondary fractures that meet the primary, steeply dipping, or first-formed fractures close to the rock surface. As a result pieces of rock may be plucked (but not gouged) from the rock by the overriding ice, leaving a scarred surface but preserving the crescentic-like pattern: the crescentic scars thus open down-ice and the reverse crescentic scars open up-ice; (the terms gouge and lunate are not used here). The scattered reverse crescentic scars are the more common of the two scar systems (Fig. 19). On some outcrops both sets of fractures and scars may be preserved – the aligned systems of fractures and scars (crescentic) open down-ice, and the scattered ones (reverse crescentic) open up-ice (Fig. 20). In both cases the dip of the secondary fracture plane, responsible for the scar or missing piece of rock, is down-ice, that is, in the direction of flow. (For a comprehensive discussion of the literature on friction cracks see Embleton and King, 1975, p. 187-191.)

One of the most valuable indicators of the direction of ice flow over a rock surface is a mini crag and tail feature (Fig. 21). This feature is a small knob of hard rock such as a pebble, concretion, or veinlet that occurs within a softer rock; this protrusion or bump protects a small tapering 'tail' of the softer rock on the lee or down-ice side of the hard rock. These features are also referred to as rat-tails.

A highly idealized sketch of a glacially scoured rock surface bearing the minor ice flow indicators discussed above is shown in Figure 22.

As well as these features that record the passage of a glacier, major topographic modifications of bedrock surfaces also occur. Glacial grooves, mentioned above, may be prominent enough in some areas so as to constitute macrofeatures that

Les fractures alignées de plus grande taille et généralement moins nombreuses, longues de quelques centimètres à un mètre ou plus et à concavité orientée vers l'aval portent le nom de broutures (fig. 18). Il s'agit de fractures à pendage raide généralement observées sur des surfaces presques planes. Des fractures d'aspect semblable, habituellement plus éparpillées et orientées dans l'autre sens, se rencontrent sur les faces amont des affleurements; dans le présent document, ces marques portent le nom de broutures inversées. Ces deux types de fractures sont causés par la pression de la glace sur les blocs qu'elle renferme, mais le premier est probablement dû à un mouvement saccadé (broutage), et l'autre à une force ponctuelle exercée par le roulement d'une pierre.

Ce plan de fractures primaires à pendage raide est généralement recoupé par un plan de fractures secondaires a proximité de la surface rocheuse. Il en résulte que le glacier peut arracher (mais non faire sauter) des fragments de la roche, en laissant des cicatrices sur la surface mais en préservant la forme en croissant des fractures; on obtient ainsi des cicatrices en forme de croissant, à concavité orientée vers l'aval et des cicatrices en forme de croissant inversées, plus courantes, à concavité orientée vers l'amont (fig. 19). Sur certains affleurements, les deux réseaux de broutures et de cicatrices peuvent être préservés; les réseaux alignés de broutures et de cicatrices en forme de croissant ont leur concavité orientée vers l'aval, les réseaux éparpillés de broutures inversées et de cicatrices en forme de croissant inversées, vers l'amont (fig. 20). Dans les deux cas, le plan de fractures secondaires, responsable de la cicatrice ou du débitage de la roche en place, plonge vers l'aval, c'est-à-dire dans la direction de l'écoulement. (Pour un tour complet de la documentation sur les fissures de friction, voir Embleton et King, 1975, p. 187 à 191).

On donne le nom de "queue-de-rat" (mini crag and tail) à un des indicateurs les plus utiles de la direction de l'écoulement glaciaire sur une surface rocheuse (fig. 21). Il s'agit d'une crête allongée dont la face amont est constituée d'une bosse de roche dure (cailloux, concrétion ou veinule) qui protège une queue effilée de roche tendre formant la face aval.

La figure 22 illustre, de façon très idéalisée, une surface rocheuse décapée par un glacier et portant les petites marques qui servent d'indicateurs du mouvement du glacier.

Outre ces formes de micro-relief qui témoignent du passage d'un glacier, les surfaces de la roche en place subissent également des modifications topographiques majeures. Les cannelures glaciaires, dont il a déjà été question, peuvent être suffisamment importantes dans certaines régions pour constituer des formes de macro-relief faciles à distinguer à une certaine distance ou sur des photographies aériennes prises à basse altitude (fig. 15).

are readily discernible from a distance or on low-level aerial photographs (Fig. 15).

In mountainous areas glaciated U-shaped valleys having gently sinuous courses (Fig. 16) are common, whereas typical river-eroded valleys are V-shaped and irregular in outline.

Many mountain valleys have a complex history. Glacially modified valleys are common along the west coast of the Cordillera; where they reach the sea they constitute the remarkable fiord systems that so enhance the beauty of Canada's Pacific Coast. The east coasts of Labrador and Baffin Island are also noted for their spectacular fiords. Though less obvious, ice-scoured valleys are present in other regions, including interior parts of the Canadian Shield. Also, successive glaciations were likely responsible for overdeepening of the Great Lakes and other major lake basins fringing the Canadian Shield. The above-mentioned valleys, fiords, and overdeepened lake basins add emphasis to the importance of glaciation on the gross morphology of Canada's surface.

On a less grandiose scale is the obvious abrasion of one end of an outcrop, and quarrying or plucking of the opposing end resulting in numerous humped surfaces termed stoss-and-lee features (Fig. 23); a fracture, joint, or other structural weakness in the rock surface is necessary to permit plucking on the lee side of the rock knob. The individual features range in size and form according to the type of rock that was overridden and the direction of ice flow with respect to bedrock structure and pre-existing topography. The typical form is an elongate knoll displaying an obviously abraded or ice-scoured gentle slope on the stoss (up-ice) end and a somewhat steeper and commonly plucked lee (down-ice) end. These features vary in size from centimetres to many tens of metres in length and several metres in both height and width (Fig. 23). In some areas where bedrock ridges form the skyline these may show similar large-scale abrasion forms measurable in hundreds of metres. Stoss-and-lee forms are widely distributed across Canada and in some regions are so numerous and prominent that the term stoss-and-lee topography has been applied.

Some small stoss-and-lee forms are commonly referred to as roches moutonnées (Fig. 24), for indeed they do resemble grazing sheep, but the term has often been abused and applied to any and

En régions montagneuses, on rencontre couramment des vallées glaciaires en U aux sinuosités légères (fig. 16), tandis que les vallées fluviales types ont une forme en V et un contour irrégulier.

Beaucoup de vallées de montagne ont une histoire compliquée. Les vallées glaciaires prolifèrent le long de la côte ouest de la Cordillère; au confluent de la mer, elles créent les remarquables réseaux de fjords qui font la beauté de la côte du Pacifique. Les côtes est du Labrador et de l'île Baffin se distinguent elles aussi par leurs fjords spectaculaires. On rencontre aussi des vallées glaciaires, moins évidentes celles-là, dans d'autres régions, notamment dans certaines parties intérieures du Bouclier canadien. De plus, le surcreusement des Grands Lacs et d'autres grands bassins lacustres en bordure du Bouclier canadien résulte probablement de diverses glaciations successives. Ces vallées, ces fjords et ces bassins lacustres surcreusés confirment l'importance du rôle des glaciations dans la morphologie générale de la surface du Canada.

À une échelle plus petite, l'abrasion claire et nette d'une des faces d'un affleurement et le débitage de l'autre face produisent de multiples surfaces bosselées auxquelles on donne le nom de formes dissymétriques (fig. 23). Le débitage de la face amont de l'affleurement exige au préalable la présence d'une fracture, d'un joint ou d'une autre faiblesse structurale sur la surface rocheuse.

La taille et la forme de ces formes de relief varient selon le type de roche qui a été recouvert par les glaces et la direction de l'écoulement glaciaire par rapport à la structure de la roche en place et à la topographie antérieure à la glaciation. Le modelé dissymétrique se présente ordinairement sous forme d'un monticule allongé qui possède une face amont, à pente douce, ayant manifestement été soumise à l'abrasion ou à l'érosion glaciaire, et une face aval, un peu plus raide et généralement débitée. Ces formes ont entre quelques centimètres et plusieurs dizaines de mètres de longueur, et plusieurs mètres de hauteur et de largeur (fig. 23). Dans certaines régions où la ligne de l'horizon est dessinée par des crêtes de roche en place, le relief peut présenter des formes d'abrasion semblables longues de quelques centaines de mètres. Les formes dissymétriques, très répandues au Canada, sont si nombreuses et proéminentes dans certaines régions que l'usage du terme "topographie en formes dissymétriques" est devenu courant.

Certaines formes dissymétriques de petite taille sont communément appelées roches moutonnées (fig. 24) par analogie avec des moutons en train de paître, mais l'expression a souvent été utilisée à tort pour désigner toute forme dissymétrique, peu en importe la taille ou la forme. L'expression "roche moutonnée" devrait s'appliquer à une surface ondulée et décapée par la glace

all stoss-and-lee forms regardless of their size or shape. The term roche moutonnée should be applied to a wavy, ice-scoured surface (commonly polished) rather than to an individual stoss-and-lee feature. Such surfaces resemble the tallowed wigs of bygone years when sheep tallow was in use.

Some stoss-and-lee forms have been given the name whalebacks (Fig. 23c) as they have the outline of large whales, with a humped front end and a tapered body and tail, though actually the high, steep end is the lee end of the rock feature and the tapered part is the stoss end. Other whaleback forms may be tapered at both ends and resemble the back of a surfacing whale. These features may be 10 to 50 m in length and one to several metres in width and height. Commonly plucking has occurred where joints are present in the outcrop, and hence the general term stoss-and-lee feature is more applicable. Obviously many variations and gradations of abraded rock forms occur and specific names are but convenient terms to convey the concept of their shape.

Where bedrock knobs or ridges were scoured by debris-laden glacier ice, the debris or drift may have lodged in the lee of the scoured outcrops (Fig. 40, 41), resulting in crag and tail features (see also Features Formed Parallel to Ice Flow). These features, having a steep rock face (up-ice) and a streamlined drift tail (down-ice) are characteristic of some parts of Canada, particularly the Canadian Shield.

(ordinairement polie), plutôt qu'à une forme dissymétrique en particulier. Ces surfaces ressemblent en fait aux perruques poudrées d'antan.

Certaines formes dissymétriques ont reçu le nom de "dos de baleine" (fig. 23c) car leur contour rappelle une grande baleine, avec un front bossu et un corps et une queue effilés, même si, en fait, le côté haut et raide constitue la face aval de l'affleurement rocheux, et la partie effilée la face amont. D'autres formes en dos de baleine sont parfois effilées aux deux extrémités; elles ressemblent alors au dos d'une baleine en train de faire surface. Ces formes peuvent avoir entre 10 et 50 m de longueur, et un ou plusieurs mètres de largeur et de hauteur. Souvent, les affleurements présentant des joints ont été soumis à un débitage glaciaire; dans ce cas, il est préférable d'utiliser le terme générique "formes dissymétriques". On observe de nombreuses variations et gradations dans les formes des roches ayant été soumises à un processus d'abrasion; les termes spécifiques attribués à ces affleurements rocheux ne servent à toutes fins utiles qu'à donner une idée de leur forme.

Parfois, les débris ou matériaux de transport emprisonnés dans de la glace de glacier se sont logés dans la face aval des affleurements de roche en place soumis à leur action décapante (fig. 40 et 41), produisant ainsi des formes du relief que les Anglo-Saxons appellent crag and tail (voir aussi Formes de relief orientées parallèlement à l'écoulement glaciaire). Ces affleurements, qui présentent une face amont à pente raide et une face aval aux formes douces et allongées, sont caractéristiques de certaines des régions du Canada, en particulier le Bouclier canadien.

Selected Bibliography   Bibliographie sélective

The rock scorings of the Great ice invasions; T.C. Chamberlain, 1888: United States Geological Survey, 7th Annual Report, p. 218-223, 247-248.

Crescentic fractures of glacier origin; F.H. Lahee, 1912: American Journal of Science, 4th series, v. 33, no. 193, p. 41-44.

Friction cracks and direction of glacial movement; J.E. Harris, 1943: Journal of Geology, v. 51, p. 244-258.

Studies of friction cracks along shores of Cirrus Lake and Kasakakwog Lake, Ontario; A. Dreimanis, 1953: American Journal of Science, v. 251, p. 760-783.

Les types de broutures glaciaires (glacial chatter marks), I. Classification et nomenclature franco-anglaise; II. Observations effectuées au Québec; C. Laverdière, C. Bernard, et J.-C. Dionne, 1968: dans la Revue de géographie de Montréal, vol. 22, no 1, p. 21-38, et no 2, p. 159-173.

Le vocabulaire de la géomorphologie glaciaire ,V; C. Laverdière et C. Bernard, 1969: la Revue de géographie de Montréal, vol. 23; no 3, p. 351-358.

Bibliographie annotée sur les broutures glaciaires/An annotated bibliography on glacial chatter marks; C. Laverdière et C. Bernard, 1970: la Revue de géographie de Montréal, vol. 24, no 1, p. 79-89.

Trains de broutures glaciaires au Témiscamingue, Québec; C. Laverdière et J.-G. Lengellé, 1970: la Revue de géographie de Montréal, vol. 24, no 3, p. 327-329.

Le vocabulaire de la géomorphologie glaciaire, VI; C. Laverdière et P. Guimont, 1973: la Revue de géographie de Montréal, vol. 27, no 2, p. 210-213.

Le vocabulaire de la géomorphologie glaciaire, no VII; C. Laverdière et P. Guimont, 1975: la Revue de géographie de Montréal; vol. 29, no 2, p. 173-180, et no 4, p. 375-380.

Glacial Geomorphology; C. Embleton and C.A.M. King, 1975: Halstead Press, John Wiley & Sons Inc., New York; see Part 2, p. 181-375.

Marks and forms on glacier beds: formation and classification; C. Laverdière, P. Guimont, and M. Pharand, 1979: Journal of Glaciology, v. 23, no. 89, p. 414-416.

Glazigene Sichelmarken als Klimazeugen; M. Schwarzbach, 1978: Eiszeitalter u Gegenwart, Bd. 28, p. 109-118.

Figure 12.   Striated surfaces.
a)   Striated and grooved rock knoll; the ice flowed away from the observer; note compass for scale; 30 km northeast of Lac Témiscamingue. J.J. Veillette, GSC 203506A.
b)   A well polished and striated outcrop; ice flowed from right to left; southeast coast of James Bay (52°03′N, 78°43′W). Courtesy of P. Guimont, Société de développement de la baie James, GSC 201293-F
c)   Glaciated outcrop showing wedge striae and abraded ledge indicative of ice flow away from observer; note the near absence of striae in the slight depression; south of Fredericton, New Brunswick. H.A. Lee, GSC 126755

Figure 12.   Surfaces striées.
a)   Butte de roche striée et cannelée; la glace s'écoulait dans la direction opposée au point d'observation; la boussole donne l'échelle; 30 km au nord-est du lac Témiscamingue. J.J. Veillette, CGC 203506A.
b)   Affleurement bien poli et strié; la glace s'écoulait de la droite vers la gauche; côte sud-est de la baie James (52°03′N, 78°43′W). Gracieuseté de P. Guimont, Société de développement de la baie James, CGC 201293-F.
c)   Affleurement glacié affichant des stries en forme de coin et une saillie érodée, qui indiquent que la glace s'écoulait dans la direction opposée au point d'observation; à noter, l'absence presque totale de stries dans la légère dépression; au sud de Frédéricton, au Nouveau-Brunswick. H.A. Lee, CGC 126755.

Figure 13. Wedge and nail-head striae developed on basalt; Long Island, southeast coast of Hudson Bay (54°55'N, 79°15'W). The shape of the striae indicates ice flow from left to right. Courtesy of P. Guimont, Société de développement de la baie James, GSC 203068-I

Figure 13. Stries en forme de coin et en tête de clou formées dans du basalte; île Long, côte sud-est de la baie d'Hudson (54°55'N, 79°15'W). La forme des stries indique que la glace s'écoulait de la gauche vers la droite. Avec la permission de P. Guimont, Société de développement de la baie James, CGC 203068-I.

Figure 14. Grooved surfaces.
a) A pronounced glacial groove in banded andesitic agglomerate; Lily Pad Lakes, Fort Hope area, northwest Ontario. Ice flowed to the southwest away from the observer. V.K. Prest, GSC 203358
b) Striated glacial groove, Bird River, Manitoba (50°15'N, 95°30'W). Ice flowed towards the observer. H.W. Quinn, GSC 137086
c) A deep curving glacial groove on ridge of crystalline rock east of central James Bay (53°34'N, 77°40'W). Ice flowed westward towards James Bay. Courtesy of P. Guimont, Société de développement de la baie James, GSC 201293-R

Figure 14. Surfaces cannelées.
a) Une cannelure glaciaire prononcée dans un agglomérat andésitique zoné; Lilypad Lakes, région de Fort Hope, dans le Nord-Ouest de l'Ontario. La glace s'écoulait vers le sud-ouest, dans la direction opposée au point d'observation. V.K. Prest, CGC 203358.
b) Cannelure glaciaire striée, à Bird River, au Manitoba (50°15'N, 95°30'W). La glace s'écoulait en direction du point d'observation. H.W. Quinn, CGC 137086.
c) Une cannelure glaciaire curviligne et profonde creusée dans une crête de roche cristalline à l'est de la région centrale de la baie James (53°34'N, 77°40'W). La glace s'écoulait vers l'ouest, en direction de la baie James. Avec la permission de P. Guimont, Société de développement de la baie James, CGC 201293-R.

Figure 15. Glacial grooves on south-sloping granitic terrain along the north shore of St. Lawrence River east of Rivière du Sault Plat, Quebec (50°17.5′N, 65°27′W). The ice was flowing rapidly southward. The grooves range from 1 to 7 m deep; the deeper grooves are 10 to 30 m apart; where unweathered, the grooved surfaces are well striated. Courtesy of J-M. Dubois.
a) Oblique aerial view of grooved hillside. GSC 200737-H
b) Ground view of nearby surface showing multiple grooving GSC 203797-X

Figure 15. Cannelures glaciaires sur un terrain granitique à pente inclinée vers le sud, le long de la rive nord du fleuve Saint-Laurent, à l'est de Rivière du Sault Plat, au Québec (50°17,5′N, 65°27′W). La glace s'écoulait rapidement vers le sud. La profondeur des cannelures varie entre 1 et 7 m; l'intervalle entre les cannelures les plus profondes est de 10 à 30 m; lorsqu'elles n'ont pas été altérées, les surfaces cannelées sont bien striées. Avec la permission de J.-M. Dubois.
a) Vue aérienne oblique d'un versant cannelé. CGC 200737-H.
b) Surface affichant des cannelures multiples, vue du sol. CGC 203797-X.

Figure 16. Glaciated U-shaped valley of Spionkop Creek, southwest Alberta (42°15′N, 113°57′W). A.MacS. Stalker, GSC 203068-F

Figure 16. Vallée glaciaire en U du ruisseau Spionkop, dans le Sud-Ouest de l'Alberta (42°15′N, 113°57′W). A. MacS. Stalker, CGC 203068-F.

Figure 17.   Faceted surfaces.
a)   An outcrop showing two striated and polished facets; during an earlier glaciation the rock was abraded by ice flowing northward (away from observer); at a later time the rock was bevelled by ice flowing southward over the top of the outcrop; southeast Cape Breton Island, Nova Scotia (45°35′N, 61°05′W)*. D.R. Grant, GSC 203797-G.
b)   Two facets on Lorrain quartzite formed by ice flowing first to the south and later to the southeast (as indicated by the pencils). Note on the older surface (left side) that the striae are less distinct and that the bedding planes are also visible. Northeast end of Lac Témiscamingue, Quebec (47°29′N, 79°30.5′W). J.J. Veillette, GSC 203506-F

Figure 17.   Surfaces à facettes.
a)   Affleurement dont deux facettes sont striées et polies; durant une glaciation antérieure, la roche a été érodée par la glace s'écoulant vers le nord (en direction opposée au point d'observation); plus tard, elle a été taillée en biseau par un glacier s'écoulant vers le sud, qui a franchi le sommet de l'affleurement; au sud-est de l'île du Cap-Breton, en Nouvelle-Écosse (45°35′N, 61°05′W). D.R. Grant, CGC 203797-G.
b)   Deux facettes sur du quartzite de Lorrain, formées par de la glace s'écoulant d'abord vers le sud, puis vers le sud-est (tel qu'indiqué par les crayons). À noter, sur la surface la plus ancienne (à gauche), que les stries sont moins prononcées et que les plans de stratification sont également visibles. Extrémité nord-est du lac Témiscamingue, au Québec (47°29′N, 79°30,5′W). J.J. Veillette, CGC 203506-F.

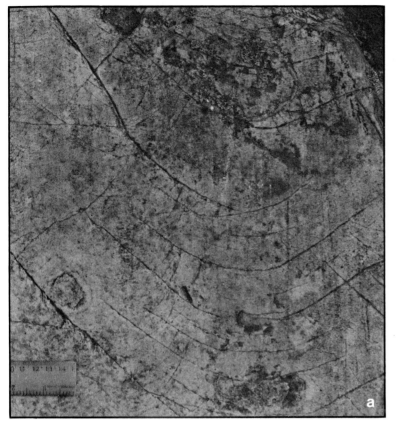

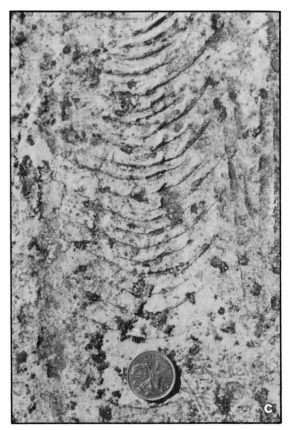

Figure 18. Crescentic markings.
a)   Crescentic fractures and striae on the surface of the Nepean Formation (sandstone); highway exposure west of Ottawa; ice flowed away from the observer along the trend of the striae. Courtesy of D. Billings, GSC 203797-U
b)   Crescentic fractures (accentuated by postglacial weathering) on Proterozoic carbonate rock, southeast coast of Hudson Bay (55°20'N, 77°40'W). GSC 203068-R
c)   Crescentic fractures and scars; ice flowed away from observer. GSC 201293-L. (b, c) courtesy of P. Guimont, Société de développement de la baie James.

Figure 18.   Broutures.
a)   Broutures et stries à la surface de la formation de Nepean (grès); affleurement le long de la route, à l'ouest d'Ottawa; la glace s'écoulait dans la direction opposée au point d'observation, dans le sens des stries. Avec la permission de D. Billings, CGC 203797-U.
b)   Broutures (mises en relief par l'érosion postglaciaire) sur de la roche carbonatée du Protérozoïque, côte sud-est de la baie d'Hudson (55°20'N, 77°40'W). CGC 203068-R.
c)   Broutures et cicatrices en forme de croissant; la glace s'écoulait dans la direction opposée au point d'observation. CGC 201293-L. (b,c) Avec la permission de P. Guimont, Société de développement de la baie James.

Figure 19.   Reverse crescentic scars and some fractures on the stoss side of a sandstone outcrop of the Nepean Formation; highway exposure west of Ottawa, Ontario; ice flowed away from the observer. Courtesy of P. Hill, GSC 203797-V

Figure 19.   Cicatrices en forme de croissant inversées et certaines broutures sur la face amont d'un affleurement de grès de la formation de Nepean; affleurement le long de la route, à l'ouest d'Ottawa, en Ontario; la glace s'écoulait dans la direction opposée au point d'observation. Avec la permission de P. Hill, CGC 203797-V.

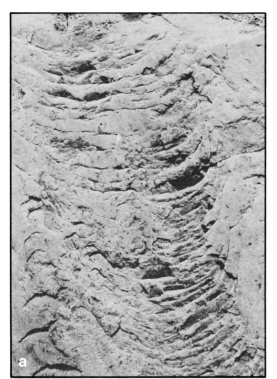

Figure 20.   Crescentic and reverse-crescentic scars on the same exposure; ice flowed away from the observer.
a)   Potsdam Formation (sandstone), Saint-Hermas, Quebec (45°36'N, 74°12'W). Courtesy of P. Guimont, Société de développement de la baie James, GSC 203068-S
b)   Archean crystalline rock, Strait of Belle Isle, Labrador (51°30'N, 57°14'W). H.H. Bostock, GSC 160098 c)   Archean crystalline rock, Kilrush, Ontario, (46°05'N, 79°03'W); note the crescentic markings on the extreme right. J-S. Vincent, GSC 203068-D.

Figure 20.   Cicatrices en forme de croissant normales et inversées sur le même affleurement; la glace s'écoulait dans la direction opposée au point d'observation.
a)   Formation de Potsdam (grès), à Saint-Hermas, au Québec (45°36'N, 74°12'W). Avec la permission de P. Guimont, Société de développement de la baie James, CGC 203068-S.
b)   Roche cristalline de l'Archéen, détroit de Belle-Isle, au Labrador (51°30'N, 57°14'W). H.H. Bostock, CGC 160098.
c)   Roche cristalline de l'Archéen, à Kilrush, en Ontario (46°05'N, 79°03'W); à noter, les broutures à l'extrême droite. J.-S. Vincent, CGC 203068-I.

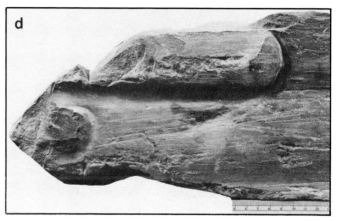

Figure 21. Mini crag and tail features.
a) 'Rat tails' in porphyritic basalt, Petite rivière de la Baleine, southeast coast Hudson Bay (56°06'N, 76°40'W). Ice flowed from left to right. GSC 201293-S
b) 'Rat tails' in the lee of chert nodules in dolomite; ice flowed away from the observer; Petite rivière de la Baleine, southeast coast Hudson Bay. GSC 203068-P. (a, b) courtesy of P. Guimont, Société de développement de la baie James.
c) 'Rat tails' in the lee of calcareous nodules; ice flowed from right to left; near Ekshaw, southwest Alberta. Courtesy of L.V. Hills, GSC 203797-O
d) Broad 'rat tails' with associated striae and grooves; maximum relief here is only 1.3 cm; bottom of groove alongside the 'rat tail' is finely striated but around the stoss end of the feature the groove or depression has been carved by water, presumably under high pressure at the rock/ice interface. Niagara Escarpment, St. Catharines, Ontario (43°07'N, 79°14'W). Courtesy of J. Terasmae, GSC 200171

Figure 21. Topographie en "queues-de-rat".
a) "Queues-de-rat" dans du basalte porphyrique, à Petite rivière de la Baleine, sur la côte sud-est de la baie d'Hudson (56°06'N, 76°40'W). La glace s'écoulait de la gauche vers la droite. CGC 201293-S.
b) "Queues-de-rat" sur la face aval de rognons de chert dans de la dolomie; la glace s'écoulait dans la direction opposée au point d'observation; Petite rivière de la Baleine, côte sud-est de la baie d'Hudson. CGC 203068-P. (a,b) Avec la permission de P. Guimont, Société de développement de la baie James.
c) "Queues-de-rat" sur la face aval de rognons de calcaire; la glace s'écoulait de la droite vers la gauche; près d'Ekshaw, dans le Sud-Ouest de l'Alberta. Avec la permission de L.V. Hills, CGC 203797-O.
d) Larges "queues-de-rat" présentant des stries et des cannelures; ici, le relief maximal n'atteint que 1,3 cm; le fond de la cannelure, le long de la "queue-de-rat", porte des stries très fines; vers la face amont, cependant, la cannelure ou dépression a été sculptée par l'eau, présumément sous la contrainte de fortes pressions au point de contact entre la roche et la glace. Escarpement de Niagara, à St. Catharines, en Ontario (43°07'N, 79°14'W). Avec la permission de J. Terasmae, CGC 200171.

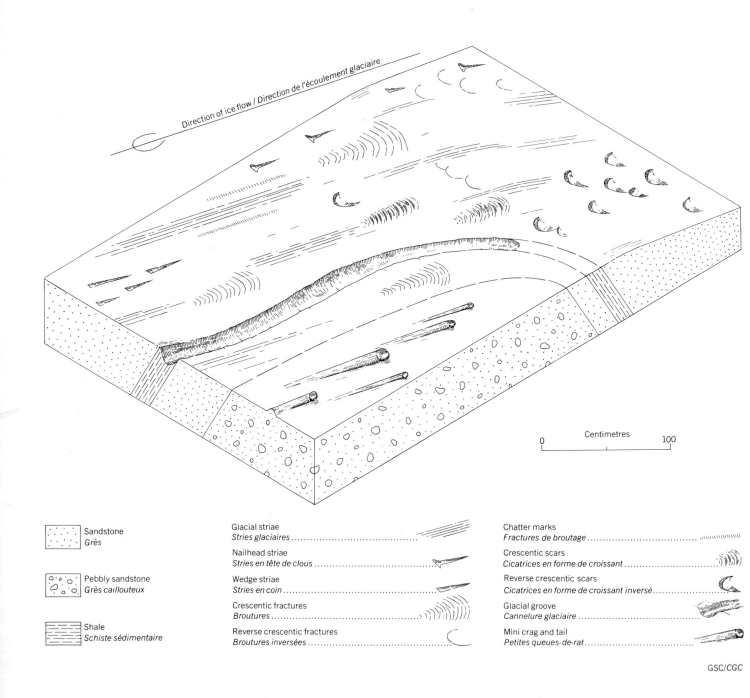

Direction of ice flow / Direction de l'écoulement glaciaire

Sandstone *Grès*	Glacial striae *Stries glaciaires*	Chatter marks *Fractures de broutage* ....
Pebbly sandstone *Grès caillouteux*	Nailhead striae *Stries en tête de clous*	Crescentic scars *Cicatrices en forme de croissant* ....
	Wedge striae *Stries en coin*	Reverse crescentic scars *Cicatrices en forme de croissant inversé* ....
Shale *Schiste sédimentaire*	Crescentic fractures *Broutures*	Glacial groove *Cannelure glaciaire* ....
	Reverse crescentic fractures *Broutures inversées*	Mini crag and tail *Petites queues-de-rat* ....

Centimetres 0 100

Figure 22. Sketch of an ice scoured outcrop showing a variety of glacial ice flow indicators.

Figure 22. Croquis d'un affleurement décapé par la glace, affichant toute une gamme d'indices du sens de l'écoulement glaciaire.

36

Figure 23. Stoss and lee features.
a)   Granitic exposure showing gently inclined stoss (up-ice) ends and opposing steep, plucked ends. Black Bay, Lake Athabasca, northwestern Saskatchewan. F.J. Alcock, GSC 28521
b)   A bold stoss-and-lee feature developed on coarse textured granite near Capreol, Sudbury area, Ontario. V.K. Prest, GSC 203797-N
c)   A whaleback feature; ice flowed from right to left. Landing Lake, northern Manitoba (59°17′N, 97°26′W). E. Antevs, GSC 71918

Figure 23.   Formes dissymétriques.
a)   Affleurement granitique aux extrémités amont à pente douce et aux extrémités aval débitées et raides. Black Bay, au lac Athabasca, dans le Nord-Ouest de la Saskatchewan. F.J. Alcock, CGC 28521.
b)   Forme dissymétrique accore façonnée dans du granite à grains grossiers, près de Capreol, dans la région de Sudbury, en Ontario. V.K. Prest, CGC 203797-N.
c)   Forme en "dos de baleine"; la glace s'écoulait de la droite vers la gauche. Lac Landing, au nord du Manitoba (59°17′N, 97°26′W). E. Antevs, CGC 71918.

Figure 24.   Roches moutonnées surfaces.
a)   A type of roche moutonnée surface with some individual forms resembling whaleback features; east coast James Bay (53°40'N, 79°01'W); ice flowed from left to right. J-S. Vincent, GSC 167947
b)   A roche moutonnée surface; note the plucked ends of the nearly horizontal stoss-and-lee features exposed in the bed of Slave River, Fort Smith, Northwest Territories; ice flowed from left to right. J.F. Henderson, GSC 84132
c)   A roche moutonnée surface east of James Bay, Quebec (51°39'N, 78°55'W); note the polished and striated stoss ends of the individual features. Courtesy of P. Guimont, Société de développement de la baie James, GSC 201293-Q

Figure 24.   Surfaces de roches moutonnées.
a)   Type de surface de roches moutonnées dont certaines formes rappellent celles modelées en dos de baleine; côte est de la baie James (53°40'N, 79°01'W); la glace s'écoulait de la gauche vers la droite. J.-S. Vincent, CGC 167947.
b)   Surface de roches moutonnées; à noter, les extrémités débitées des formes dissymétriques presque horizontales qui sont exposées dans le lit de la rivière Slave, à Fort Smith dans les Territoires du Nord-Ouest; la glace s'écoulait de la gauche vers la droite. J.F. Henderson, CGC 84132.
c)   Surface de roches moutonnées à l'est de la baie James, au Québec (51°39'N, 78°55'W); à noter, les extrémités amont polies et striées des différentes formes du relief. Avec la permission de P. Guimont, Société de développement de la baie James, CGC 201293-Q.

Glacial Drift

Till and Glacial Erratics
Figures 25-29

The rock materials entrained in the basal zone or sole of a glacier serve as the grinding tools that abrade the underlying bedrock or other surface during ice flow. This scouring action, along with freeze-thaw phenomena, assists the glacier-thrusting process in the removal of blocks of bedrock. These may be further broken along fractures or joints during transport and are worn down by abrasion to become boulders, cobbles, pebbles, granules, and finer materials; the resulting admixture of nonstratified materials is referred to as till (Fig. 28). It may be stony, sandy, or clayey depending on the character of the terrain over which the glacier was moving. It is the direct deposit of glacier ice; where the debris has been deposited from beneath the ice it is referred to as basal or lodgment till, where let down by the melting of the ice and hence partly modified by meltwater it is known as ablation till.

Some of the stones or clasts in a till may be irregularly scratched, bear sets of striae, or be well polished. Glacier transport of debris may be for short or long distances. Ultimately, when a block, boulder or stone is transported some distance from its source and is deposited on the newly uncovered land surface, or within glacial debris, it may be termed a glacial erratic for it is 'out of place' and may be 'foreign' to that locale, although the term is usually restricted to erratics lying on the surface.

Erratic boulders are common in some formerly glaciated regions. Where they rest on a bedrock surface and fine materials have been washed away, they may be left in variably 'perched' positions and are referred to as 'perched erratics' (Fig. 25). Such boulders are generally less than 3 m in size but can be much larger.

Large boulders (Fig. 26) are generally closer to their source areas than are smaller ones, but there are many exceptions dependent on the mode of ice transport. A huge block of gabbro on eastern Banks Island (Fig. 26b) is considered to have been transported westward from Victoria Island for a minimum distance of 100 km. As mentioned in the section on ice flow, some glacial erratic boulders,

Matériaux de transport glaciaires

Till et blocs erratiques
Figures 25-29

Les matériaux rocheux contenus dans la zone basale ou semelle d'un glacier servent à broyer le socle rocheux sous-jacent durant le mouvement du glacier. Ce décapage, ainsi que les phénomènes de gel-dégel, contribuent à l'enlèvement de fragments de socle au cours de la poussée des glaces. Ces fragments peuvent se briser le long de fractures ou de fissures au cours du transport et sont usés par l'abrasion pour donner des blocs, des gros cailloux, des galets, des granules et des matériaux plus fins; le mélange de matériaux non statifiés ainsi produit est appelé till (fig. 28). La texture du till, déposé directement par la glace de glacier, peut être pierreuse, sableuse ou argileuse, selon la nature du terrain parcouru par le glacier. Lorsque les débris sont déposés sous la glace, ils forment un till basal ou till de fond; lorsque les débris déposés proviennent de la fonte de la glace et se trouvent en partie modifiés par les eaux de fonte, ils sont connus sous le nom de till d'ablation.

Certains fragments ou roches dans un till peuvent être égratignés, striés ou bien polis. Le transport glaciaire des débris peut se faire sur de courtes ou de longues distances. Lorsqu'un gros fragment, un bloc ou une pierre est transporté à quelque distance de sa source et déposé sur une surface nouvellement dénudée ou parmi des débris glaciaires, il est désigné bloc erratique puisqu'il provient d'une source lointaine et peut être étranger à ce lieu, toutefois, l'expression, s'applique plutôt aux blocs erratiques à la surface du sol.

Les blocs erratiques sont très répandus dans certaines régions jadis recouvertes par les glaces. Il arrive que, suite à leur dépôt sur le socle rocheux et au délavage des matériaux fins, ils demeurent "perchés" et sont alors appelés blocs perchés (fig. 25). Ces blocs mesurent généralement moins de 3 m mais peuvent atteindre des dimensions beaucoup plus considérables.

Les grands blocs (fig. 26) sont généralement situés plus près de leurs sources que les petits blocs, mais il existe de nombreuses exceptions qui dépendent du mode de transport glaciaire. Un immense bloc de gabbro trouvé dans l'est de l'île Banks (fig. 26b) aurait été transporté vers l'ouest à partir de l'île Victoria sur une distance minimale de 100 km. Tel que déjà noté dans la section sur l'écoulement glaciaire, certains blocs, gros cailloux et galets erratiques sont retrouvés à des centaines de kilomètres de leurs sources. Par exemple, des matériaux de

cobbles, and pebbles are known to be hundreds of kilometres from their outcrop areas. For example, cobbles and fist-sized stones of a distinctive greywacke (Omarolluk Formation), as well as oolitic jasper pebbles, from the Belcher Islands – Long Island belt in southeast Hudson Bay are present in and on the glacial deposits of northwestern Ontario as much as 1100 km to the southwest. They are similarly present in northern Manitoba south of Seal River but are not known north of it.

In rugged or mountainous regions, rock masses may be plucked from the valley sides by a glacier or be undercut and fall or slide onto its surface. Such rock may thus be carried great distances on top of glacier ice with little attendant abrasion. If the supply of such rock is more or less continuous, it may constitute a marginal or medial moraine as is seen in present-day valley glaciers (Fig. 5, 7, 43); after the ice melts such material may remain as a tell-tale train of blocks to indicate the course taken by the former glacier. The most famous example of this phenomenon is the Foothills Erratics Train of southwestern Alberta (Fig. 27). Perhaps the most striking part of this erratics train is the group of three large blocks of pebbly quartzite at Okotoks, Alberta. These are considered to be part of a single block that was broken or parted when the ice melted and the block was deposited. This 'block', probably the largest known surface erratic in the world (buried or partially buried megablocks excluded), has a mass weight of about 16 400 tonnes. Large blocks or boulders weighing more than 1000 tonnes have also been observed in this erratics train and elsewhere, and those of about 100 tonnes are fairly common in widespread parts of Canada.

Before leaving the subject of erratics, the fine products of glacial abrasion should be mentioned for these too reflect long-distance transport and may be considered erratic or foreign in their final resting places. An excellent example of such long-distance transport of fine materials is that reported from the District of Keewatin, Northwest Territories: the fine products of abrasion of distinctive reddish rocks in the vicinity of Dubawnt Lake (the Dubawnt Group) have given the glacial drift a tell-tale red tint that has been traced eastward into Hudson Bay – a distance of 600 to 800 km. Similarly, a distinctive red till in Nova Scotia, mainly occurring as bold drumlins, overlies non-reddish bedrock of diverse lithologies as well as older buff

transport glaciaires du Nord-Ouest de l'Ontario renferment des gros cailloux et des pierres de la grosseur du poing provenant d'un grauwacke distinctif (formation de Omarolluk) ainsi que des galets de jaspe oolitique de la ceinture des îles Belcher-île Long dans le sud-est de la baie d'Hudson, soit jusqu'à 1 100 km au sud-ouest de leur source. On les trouve également au sud de la rivière Seal, dans le nord du Manitoba, mais non pas au nord de cet endroit.

Dans les régions accidentées ou montagneuses, des masses rocheuses peuvent être arrachées des versants de vallée par un glacier ou sapées par ce dernier et tomber ou glisser sur sa surface. Ces roches peuvent donc être transportées sur de grandes distances à la surface du glacier sans être soumises aux processus d'abrasion. Si l'alimentation en roches est plus ou moins continue, il peut s'ensuivre la formation d'une moraine latérale ou médiane que l'on peut voir dans les glaciers de vallée modernes (fig. 5, 7, 43); après la fonte de la glace, ces matériaux donnent parfois une traînée de blocs qui indique le cours suivi par l'ancien glacier. L'exemple le plus connu de ce phénomène est l'alignement de blocs glaciaires erratiques du Sud-Ouest de l'Alberta (fig. 27). Les trois grands blocs de quartzite caillouteux trouvés à Okotoks, en Alberta, forment la partie la plus remarquable de cette traînée de blocs. Il semblerait que ces blocs aient tous fait partie d'un seul bloc, brisé lorsqu'il a chuté suivant la fonte de la glace. Ce bloc, sans doute le plus grand bloc erratique connu à la surface de la Terre (à l'exception des mégablocs enfouis ou partiellement enfouis), a une masse d'environ 16 400 t. Des grands fragments ou blocs pesant plus de 1 000 t ont également été observés dans cette traînée et ailleurs; des blocs d'environ 100 t sont plus ou moins répandus dans diverses régions du Canada.

Avant d'aborder d'autres sujets, il faudrait parler des produits fins de l'abrasion glaciaire puisqu'ils reflètent aussi le transport sur de longues distances et peuvent être considérés comme erratiques ou exotiques à la fin de leurs pérégrinations. Un excellent exemple du transport de matériaux fins sur de longues distances se trouves dans le district de Keewatin (Territoires du Nord-Ouest): les produits fins d'abrasion de roches rougeâtres caractéristiques des environs du lac Dubawnt (le groupe de Dubawnt) ont donné aux matériaux de transport glaciaires une teinte rouge révélatrice dont on a suivi la trace vers l'est jusqu'à la baie d'Hudson, soit une distance de 600 à 800 km. De même, en Nouvelle-Écosse, un till rouge caractéristique trouvé surtout sous forme de drumlins abrupts, recouvre un socle non rougeâtre de lithologie variée ainsi que des tills chamois et gris plus anciens ou d'autres sédiments. De plus, les argiles de lacs glaciaires, très répandues au Canada, contiennent un

and grey tills or other sediments. Also, the widespread glacial lake clays in Canada contain a varied assortment of fine materials that may be hundreds of kilometres from their source rocks.

Glacial drift is a general term applied to all materials deposited directly by glacier ice or its meltwaters. It may be deposited by successive glaciations, as is clearly indicated where peat or other organic-bearing sediments occur between two till sheets, or where the lower till has a deeply weathered surface. Where such evidence is lacking, the presence of inter-till sediments at least indicates a hiatus between glacier advances. Similarly the presence of a layer or horizon of variously planed-off boulders within a till sequence may indicate a hiatus, though some such layers have been regarded as merely a change in the glacier regimen which occasioned a shift in the direction of ice flow. Such a planed-off boulder horizon within a till sequence or between two distinctive tills is termed boulder pavement. (Unfortunately this term has been loosely used to describe concentrations of boulders along former or present day lake or sea shores). A remarkable boulder pavement occurs in southern Manitoba and in Saskatchewan where several centimetres of the boulders (of varied lithologies) have been planed off by the overriding ice (Fig. 29).

Glacial Landforms

Having dealt briefly with scattered erratics, till, and dispersion in general, attention may now be directed to the great amounts of debris that are transported and deposited by glaciers. It is the variation in the form of these deposits that gives much of Canada its characteristic glacial landscape. Glaciation has indeed produced a myriad of features and deposits which differ greatly in character from one region to another. Both air and ground photos serve to illustrate some of these features and brief notes help relate the features to the ice that formed them. The reader should first, however, become familiar with common glacial terms and concepts as given herewith in the Glossary.

The direct deposits of glacier ice may be conveniently divided into three groups according to the method of transportation and deposition of material with respect to the activity of the ice that

mélange varié de matériaux fins parfois déposés à des centaines de kilomètres de leur source.

L'expression matériaux de transport glaciaires est un terme général appliqué à tous les matériaux déposés directement par un glacier ou par ses eaux de fonte. Ces matériaux peuvent être mis en place par des glaciations successives, comme l'indique la présence de tourbe ou d'autres sédiments organiques entre deux nappes de till ou d'une surface très érodée sur la couche inférieure de till. En l'absence de telles indications, la présence de sédiments entre les couches de till indique qu'il y a tout au moins eu une interruption entre les avancées de glaciers. De même, la présence d'une couche ou d'un horizon de blocs aplanis au sein d'une séquence de till peut indiquer qu'il y a eu une interruption, bien que certaines de ces couches pourraient indiquer qu'il s'agit simplement d'un changement dans le régime glaciaire qui aurait modifié la direction suivie par les glaces. Un tel horizon de blocs aplanis au sein d'une séquence de till ou entre deux tills distinctifs est appelé pavage de blocs (malheureusement, cette expression sert également parfois à désigner des concentrations de blocs le long de rives lacustres ou marines, anciennes ou modernes). On retrouve un exemple remarquable de pavage de blocs dans le Sud du Manitoba et en Saskatchewan, à un endroit où le chevauchement de la glace a aplani de plusieurs centimètres des blocs à lithologie variable (fig. 29).

Formes de relief glaciaires

À cette brève présentation des blocs erratiques, du till et de la dispersion générale, fera maintenant suite l'étude de l'énorme quantité de débris transportés et déposés par les glaciers. La variation de la forme de ces dépôts confère au Canada une grande partie de son paysage glaciaire caractéristique. En effet, la glaciation a produit une myriade de modelés et d'accumulations dont la nature varie grandement d'une région à l'autre. Les photos aériennes et les photos prises au sol servent à illustrer certaines de ces formes de relief et des notes brèves permettent d'établir le lien entre ces modelés et la glace qui les a formé. Toutefois, le lecteur doit d'abord prendre connaissance des notions et des termes glaciaires communs consignés dans le glossaire.

On peut diviser les sédiments déposés directement par les glaciers en trois groupes, selon la méthode de transport et d'accumulation des matériaux par rapport à l'activité de l'agent de formation des modelés, soit la glace — ceux qui sont orientés parallèlement ou transversalement à l'ancien écoulement glaciaire ou ceux qui sont généralement non orientés. En général, les terrains recouverts par les glaces au Canada montrent un grain ou une structure parallèle à l'écoulement de l'ancienne couverture de glace. Les régions à structure orientée perpendiculairement à la direction d'écoulement sont beau-

formed the features – those that trend parallel or those that are transverse to the former ice flow, or those that are generally nonoriented. By far the greater part of Canada's glaciated terrain displays a grain or pattern that parallels the flow of the former ice cover. Areas where the pattern is transverse to the direction of ice flow are much more limited, though locally important and striking. On the Canadian Prairies and north of Great Bear Lake there are vast areas of hummocky terrain that are essentially nonoriented though in some areas a weakly developed, associated 'transverse ridging' or 'a parallel lineation' is evident. The main features of each of the three groups are discussed separately.

Features Formed Parallel to Ice Flow
Figures 30-41
In many places throughout Canada's glaciated terrain the drift surface is scalloped or fluted, that is, it has great elongate, shallow troughs or furrows separated by flat areas or by low parallel ridges, which are collectively termed glacial fluting (Fig. 31, 32). The presence of fluting generally indicates a relatively rapid rate of ice flow. Fluted surfaces are common in parts of northern Canada but are also present farther south as, for example, near Toronto, west and south of James Bay, and on the Prairies. In general the height of each undulation or ridge, from the bottom of a furrow to the adjoining crest, may be less than 1 m and barely discernible on the ground, but the amplitude may reach several metres and even up to 10 or 12 m. The furrows may be many kilometres long. Glacial fluting is generally developed on glacial till, but fluting of stratified deposits is also known.

In some areas, the drift may be arranged into closely spaced elongate hills. If these are markedly elongate, cigar-shaped in plan, and more or less tapered at both ends they may be termed drumlinoid ridges (Fig. 33, 34); these are closely related to drumlins (Fig. 36-39) which resemble an inverted spoon with the higher, steeper part facing the direction of ice flow. Drumlins may be discrete, isolated ridges but commonly several ridges will occur close together; in northern Canada, in particular, there are great fields of both drumlinoid forms and drumlins. The individual drumlinoid ridges may be 1 to 5 km long whereas the drumlins are generally only about 0.5 to 2 km long; both types may range in

---

coup moins nombreuses, bien qu'elles s'avèrent par endroits considérables et remarquables. Dans les Prairies canadiennes et au nord du Grand lac de l'Ours se trouvent de vastes étendues de terrain bosselé essentiellement non orientées bien que parfois on y observe des crêtes transversales ou une linéation parallèle mal développées. La présente étude traitera séparément des principales formes de relief associées à chacun des trois groupes.

Formes de relief orientées parallèlement à l'écoulement glaciaire
Figures 30-41
Dans de nombreux endroits dans les terrains glaciés, la surface recouverte de matériaux glaciaires est découpée ou cannelée, c'est-à-dire qu'elle a de grandes auges ou rainures allongées et peu profondes, séparées par des surfaces planes ou par de petites crêtes parallèles, appelées collectivement cannelures glaciaires (fig. 31, 32). En général, la présence de cannelures indique que les glaces se déplaçaient assez rapidement. Les surfaces cannelées sont assez répandues dans certaines régions du Nord canadien mais se retrouvent également plus au sud, par exemple, près de Toronto, à l'ouest et au sud de la baie James et dans les Prairies. En général, la hauteur de chaque ondulation ou crête, du fond du sillon jusqu'à la crête voisine, est inférieure à 1 m et presque invisible au sol; par contre, l'amplitude peut atteindre plusieurs mètres et même de 10 à 12 m. Les sillons peuvent s'étendre sur de nombreux kilomètres. Les cannelures glaciaires se manifestent généralement sur le till glaciaire mais se retrouvent également sur les sédiments stratifiés.

Dans certains endroits, les matériaux de transport glaciaires peuvent former des collines allongées peu espacées que l'on désigne du nom de drumlinoïdes lorsqu'elles sont très allongées, en forme de cigare et plus ou moins effilées aux deux extrémités (fig. 33, 34); les drumlinoïdes s'apparentent aux drumlins (fig. 36-39), qui ressemblent à une cuillère renversée dont la partie plus élevée et plus raide fait face à la direction d'écoulement. Les drumlins peuvent former des crêtes discrètes et isolées; plusieurs crêtes sont souvent trouvées à proximité l'une de l'autre. Dans le Nord du Canada en particulier, on trouve de vastes champs de drumlinoïdes et de drumlins. La longueur des drumlinoïdes varie de 1 à 5 km et celles des drumlins, de 0,5 à 2 km; la largeur des deux formes peut atteindre 600 m et la hauteur, de 10 à 50 m. Il existe toute une gamme de formes glaciaires orientées, des crêtes et sillons allongés et bas des cannelures glaciaires aux drumlinoïdes allongés s'élevant au-dessus de la plaine de matériaux glaciaires et aux drumlins effilés, semblables mais plus courts (fig. 34). Dans certains endroits, les trois catégories de formes orientées sont

width up to 600 m and in height from about 10 to 50 m. There are all gradations of oriented drift features from elongate low ridges and furrows of glacial fluting, to the elongate drumlinoid ridges rising high above the general level of the drift plain, to the similar but shorter, tapered drumlins (Fig. 34). In some areas all three types of oriented drift features occur in close association; this presumably reflects changes in the rate of ice flow and the amount of drift being transported locally. Drumlins and drumlinoid ridges are generally composed of till and are believed formed at the base of a glacier by a 'plastering-on' process, but some are known to be erosional forms, that is, carved from stratified sediments. Fluted and drumlinized terrain – the ground moraine of many scientists – is common in most parts of Canada, and in some southern regions it comprises important farm and recreational areas; the Peterborough region of Ontario is a good example of such terrain (Fig. 35).

As mentioned earlier glacial drift may be lodged in the lee of a prominent outcrop and thus be protected from the erosive power of the ice flowing around the outcrop; the drift forms a tapered tail parallel to the ice-flow trend. This combined rock and drift feature, referred to as crag and tail (Fig. 40, 41), is thus an excellent indicator of the direction of ice flow.

Features Formed Transverse to Ice Flow
Figures 42-56
Vast tracts of Canada's glaciated terrain are characterized by features that lie transverse to the direction of the ice flow that formed them. Some of our most scenic landscapes have resulted from the deposition of glacial drift at or near the margins of former glaciers or ice sheets. The character of these features varies widely according to their mode of deposition. Some resulted from the melting of debris-laden ice at or close to the margin of the glacier or ice sheet, whereas others formed beneath the ice some distance behind the terminus.

Glaciers and ice sheets are generally warmer in their interior and lower parts than in their marginal zones, though there are many exceptions. Where this is the case, the pressure from within the ice will induce the formation of upward-sloping shear planes in the colder and more brittle marginal zones. Debris is carried upward along these shear

étroitement associées. Ce phénomène reflète probablement des changements dans la vitesse d'écoulement de la glace et dans la quantité de matériaux glaciaires transportés localement. Les drumlins et les drumlinoïdes sont généralement composés de till et ont pris forme à la base d'un glacier suite à un processus de "plâtrage"; toutefois, certaines formes résultant de l'érosion ont été sculptées dans les sédiments stratifiés. Les terrains cannelés et les drumlinoïdes – la moraine de fond de plusieurs scientifiques – sont assez répandus presque partout au Canada et comportent même d'importants terrains agricoles et de loisirs, particulièrement dans certaines régions méridionales: la région de Peterborough (Ontario) en offre un excellent exemple (fig. 35).

Comme mentionné ci-dessus, les matériaux de transport glaciaires peuvent se loger à l'abri d'affleurements proéminents et ainsi être protégés de l'érosion faite par la glace en mouvement; ces débris forment une traînée effilée parallèle à la direction d'écoulement. Cette forme de relief constituée de roches et de débris combinés et connue sous le nom de traînée de débris (fig. 40, 41) s'avère donc un excellent indice de la direction d'écoulement.

Formes du relief orientées perpendiculairement à l'écoulement glaciaire
Figures 42-56
De vaste étendues de terrains glaciés sont caractérisées par des formes de relief perpendiculaires à la direction de l'écoulement glaciaire qui les a formés. Certains des paysages canadiens les plus pittoresques sont le produit de l'accumulation de matériaux de transport glaciaires en marge d'anciens glaciers ou inlandsis. La nature de ces formes de relief varie grandement en fonction de leur mode de mise en place. Certains proviennent de la fonte de la glace chargée de débris à la marge du glacier ou de l'inlandsis, ou a proximité de celle-ci, tandis que d'autres ont été formés sous la glace à une certaine distance derrrière le front.

La température des parties intérieures et inférieures des glaciers et des inlandsis est généralement plus élevée que celle des zones marginales, bien qu'il existe de nombreuses exceptions. Le cas échéant, la pression à l'intérieur de la glace provoquera la formation de surfaces de cisaillement inclinées vers le haut dans les zones marginales plus froides et plus cassantes. Les débris sont transportés vers le haut le long de ces surfaces et s'accumulent dans la zone frontale où il y a fonte superficielle. Selon la vitesse de fonte au front glaciaire et la capacité de la glace de transporter le matériel jusqu'à cette zone, il peut y avoir formation, parallèlement au front glaciaire, d'immenses masses allongées de matériaux de transport glaciaires appelées moraines frontales (fig. 42-45). Ces moraines peuvent également être désignées moraines de retrait ou moraines de récession selon qu'elles représentent la limite d'avancée du lobe

planes and accumulates in the terminal zone where surface melting is in progress. Depending on the rate of melting at the ice front and the ability of the ice to transport material to this zone, great elongate masses of glacial drift known as end moraines, may be formed parallel to the ice front (Fig. 42-45). They may be further classified as terminal or recessional, depending on whether they represent the farthest advance of a major ice lobe or merely a temporary halt position of the ice front during general retreat of the ice. Where evidence exists of the drift having been shoved forward rather than mainly melted out, the term ice-push moraine may be applied. Commonly much ice is entrapped in end moraines; melting of the ice after a few years to many hundreds of years gives the moraine an irregular undulating and pitted or 'kettled' surface. Such elongate masses of debris are seen at the termini of many present-day valley glaciers and around the Barnes Ice Cap, hence the origin of similar irregular and kettled ridges in currently ice-free regions in central Canada may be readily deduced.

Most of the significant major end moraines in Canada have been examined, in part, on the ground and have been traced over great distances through study of aerial photographs. The position of these is indicated on the Glacial Map of Canada and National Atlas Map 33-34. Some of these are subdued, flat features that were deposited in water or later modified by waves and currents, but others are prominent features ranging in height from a few metres to over 200 m. They may occur as discrete ridges only a few metres across or as great complex masses of ridges, hummocks, and depressions 10 km or more in width. Some end moraine systems, though discontinuous and variable in form along their length, have been traced for several hundred kilometres. 'Satellite images' have recently served to substantiate the positions of some major moraines in Canada. For example, the rather poorly defined Sakami Moraine east of James Bay can be seen on some satellite images of the region, though it has little topographic expression. The Agutua Moraine in northwestern Ontario is more readily seen on some satellite images though it varies from a single narrow ridge, barely perceptible on the ground, to a complex of hummocky and ridged hills up to 170 m high.

Where two major ice lobes merge, an interlobate moraine may be formed at an angle to the

glaciaire principal ou une position d'arrêt temporaire du front glaciaire durant un retrait général de la glace. On appelle moraine de poussée les matériaux de transport glaciaires qui ont été poussés vers l'avant plutôt que simplement déposés lors de la fonte de la glace. En règle générale, une grande quantité de glace est emprisonnée dans les moraines frontales; la fonte de la glace après quelques années ou quelques centaines d'années donne à la moraine une surface irrégulière ondulée et piquée ou à dépressions fermées. De telle masses allongées de débris gisent au front de nombreux glaciers de vallée modernes et autour de la calotte glaciaire Barnes; il est dont facile de déduire l'origine de crêtes irrégulières et à dépressions fermées semblables observées dans des régions présentement dépourvues de glace du Canada central.

La plupart des moraines frontales importantes au Canada ont été étudiées en partie au sol et ont été suivies sur d'énormes distances au moyen de photos aériennes. Leur position est indiquée sur la Carte glaciaire du Canada et sur la carte no 33-34 de l'Atlas national. Certaines de ces moraines présentent des formes réduites et planes qui résultent d'un dépôt en eaux calmes ou d'une modification ultérieure par les vagues et les courants tandis que d'autres présentent des formes de relief proéminentes dont la hauteur varie de quelques mètres à plus de 200 m. On les trouve sous forme de crêtes isolées de quelques mètres de diamètre ou d'énormes masses complexes de crêtes, de bosses et de creux de 10 km ou plus de largeur. Certains réseaux de moraines frontales, bien que discontinus et variables en longueur, ont été tracés sur plusieurs centaines de kilomètres. Des images prises par satellite ont permis récemment de vérifier la position de certaines moraines importantes au Canada. Par exemple, on peut identifier la moraine Sakami, mal définie à l'est de la baie James, sur certaines images par satellite de la région bien que son relief soit faible. On distingue clairement la moraine Agutua, située dans le Nord-Ouest de l'Ontario, sur certaines images par satellite bien qu'elle varie d'une seule crête étroite, presque invisible au sol, à un complexe de collines bosselées et ridées d'une hauteur maximale de 170 m.

Là où deux lobes glaciaires importants se rencontrent, il peut y avoir formation d'une moraine interlobaire à un angle avec l'axe d'un ou des deux lobes responsables de sa formation. La nature des moraines interlobaires s'apparente à celle des principales moraines frontales, mais l'emprisonnement général des réseaux d'eau de fonte entre les lobes glaciaires fait que les dépôts stratifiés et les formes de relief connexes sont normalement plus vastes que dans les moraines frontales. L'immense moraine Oak Ridges au nord du lac Ontario, dont l'épaisseur dépasse 250 m par endroits, est un exemple d'un système interlobaire, bien qu'elle ait été chevauchée par des glaces plus récentes provenant du sud et qu'un mince manteau de till la recouvre par endroits.

axis of one or both of the lobes responsible for its construction. The character of interlobate moraines is much the same as that for major end moraines, but the general confinement of the meltwater systems between the ice lobes normally results in stratified deposits and related features being more extensive than in end moraine. The gigantic Oak Ridges Moraine north of Lake Ontario, in places more than 250 m thick, is an example of an interlobate system though it has been overridden by younger ice from the south and locally has a thin capping of till.

Vast tracts of Canada's western Prairies display a low, wavy surface of repetitive drift ridges broken by, and interspersed with, depressions that commonly contain ponds or sloughs. The repetitive ridges, generally only 2 to 10 m high and about 100 m wide, give the land surface a broadly arcuate, corrugated appearance. Such corrugated ground moraine (Fig. 46-48) clearly denotes the position of former marginal lobes of the receding continental ice sheet, though not necessarily the terminus itself. The ridges relate to a shearing process within the marginal zone of the ice sheet. Some of these areas of ground moraine provide good farm land, but in places the undulating surface and numerous lakes render the areas suitable only for pasture. Waterfowl of many types commonly inhabit the freshwater ponds, but some ponds on the Prairies are too alkaline for either birds or fish.

Another type of terrain displaying transverse ridges, common on the Interior Plains, is that known as ice-thrust moraine (Fig. 49). This is a composite of great slices of up-thrust and commonly contorted sedimentary bedrock that is generally interlayered with and overlain by much glacial drift; locally the surface mantle may be thin or missing. Ice-thrust moraine is best developed on uplands in the Interior Plains. The bedrock layers were evidently derived by the shearing-displacement of successive slices of soft strata that were frozen to the base of the ice and essentially became an integral part of the ice sheet. The thrusting was induced by internal stresses in the outer zone of the receding ice sheet, aided by upward-water pressure from the underlying, unfrozen strata. The presence of much montmorillonite (a greasy clay) in the Cretaceous shales of the Interior Plains no doubt facilitated the movement of these great masses of frozen material. Ice-thrust ridges can be

De vastes étendues des Prairies occidentales du Canada font voir une surface basse et onduleuse de crêtes glaciaires répétitives entrecoupées de dépressions contenant souvent des étangs ou des bourbiers. Les crêtes répétitives, en général de deux à 10 m de haut et d'environ 100 m de large, donnent à la surface une apparence généralement courbée et ondulée. Une telle moraine de fond ondulée (fig. 46-48) marque clairement la position d'anciens lobes marginaux de l'inlandsis en retrait, mais pas nécessairement celle du front lui-même. Les crêtes sont liées à un processus de cisaillement au sein de la zone terminale de l'inlandsis. Certaines de ces superficies de moraine de fond se révèlent de bonnes terres agricoles mais parfois, la surface ondulée et le grand nombre de lacs font que ces régions ne servent que de pâturages. Plusieurs espèces d'oiseaux aquatiques habitent normalement les étangs d'eau douce mais certains étangs des Prairies sont trop alcalins pour les oiseaux ou les poissons.

Une autre catégorie de terrain à crêtes transversales, très répandue dans les plaines Intérieures, est la moraine de chevauchement (fig. 49). Il s'agit d'un mélange d'énormes tranches de socle sédimentaire soulevées et souvent déformées, généralement interstratifiées avec de grandes quantités de matériaux de transport glaciaires et recouvertes par ces mêmes sédiments; le manteau superficiel peut être mince ou absent par endroits. Ces moraines atteignent leur meilleur degré de développement dans les terrains élevés des plaines Intérieures. Il est évident que les couches de socle proviennent du cisaillement et du déplacement de tranches successives de couches tendres gelées à la base de la glace et devenues essentiellement une partie intégrale de l'inlandsis glaciaire. Le chevauchement a été provoqué par des contraintes internes dans la zone extérieure de l'inlandsis en retrait, aidées par la pression de l'eau provenant de couches sous-jacentes non gelées. La présence de grandes quantités de montmorillonite (une argile graisseuse) dans les schistes argileux crétacés des plaines Intérieures a sans doute facilité le mouvement de ces énormes masses de matériel gelé. Les crêtes de chevauchement présentent un profil rectiligne ou légèrement recourbé et peuvent avoir des dizaines de mètres de hauteur; on peut les suivre sur des dizaines de kilomètres. Puisqu'elles se situent généralement sur des hauteurs existantes, les crêtes de socle peuvent s'élever à plus de 100 m au-dessus de la région environnante. Là où les matériaux glaciaires sont épais, on ne parvient à distinguer clairement les crêtes de socle sous-jacentes que dans des tranchées ou des chenaux profonds.

Il existe des gradations d'une catégorie de moraines ridées répétitives à l'autre. Il se peut que certaines catégories de moraine de fond ondulée à faible relief sises dans les basses terres doivent également leur origine au chevauchement mais étant donné l'absence

straight or gently curving, are traceable for tens of kilometres, and have tens of metres of local relief. As they generally are found on pre-existing uplands, the bedrock ridges may occur more than 100 m above the surrounding terrain. Where the drift is thick, the underlying bedrock ridges may, perhaps, be seen only in deep roadcuts or stream channels.

Gradations from one type of repetitive ridged moraine to the other may be expected. It is possible that some types of low relief corrugated ground moraine in lowland areas are also due to thrusting, but lacking information on the internal character of the ridges, it is not possible to designate them as ice-thrust moraine.

In areas where the receding ice sheet or glacier bordered on a glacial lake or fronted in the sea, a succession of discontinuous, discrete ridges were formed that are straight to broadly arcuate. The ridges are generally composed of ill-sorted stony to bouldery materials and intimately associated stony till. The ridges range from about 1 to 15 m in height, a few metres to tens of metres in width, and up to about 2 km in length. Such ridges denoting ice-frontal positions in former water bodies are termed De Geer moraines. Striking examples occur east of Hudson Bay and especially north of Richmond Gulf where the receding Late Wisconsinan (New Quebec) ice fronted in the Tyrrell Sea (Fig. 50). De Geer moraines are also well developed and numerous in areas formerly covered by glacial lakes in western Quebec (Fig. 51), in northern Ontario, many parts of the Prairies, and in the Northwest Territories. The individual ridges, whether formed in a lake or sea, are generally 100 to 300 m apart and are considered to represent annual (winter) deposits of active ice. They are believed to have formed at the base of glacier ice where it began to float in an adjacent body of water, i.e. at the base of a floating ice ramp as documented for the Barnes Ice Cap on Baffin Island.

In other areas, swarms of somewhat similar ridges occur in valleys where meltwater was formerly ponded, and they 'thin out' on the valley sides. Such areas, therefore, may be referred to as cross-valley moraines. The ridges, however, do not necessarily represent annual deposits; one or several may form in the same year, or one large ridge may form over an interval of several years. Detailed investigations of such ridges formed in a lake basin at the southwest end of Barnes Ice Cap, Baffin Island, have shown that these ridges also

---

d'information sur la nature interne des crêtes, il est impossible de les identifier aux moraines de chevauchement.

Là où l'inlandsis ou le glacier en retrait donnait sur le lac glaciaire où dans la mer, il y a eu formation d'une série de crêtes isolées discontinues, de profil rectiligne à très recourbé. Les crêtes sont généralement composées de matériaux pierreux à blocailleux mal triés et de till pierreux. Leur hauteur varie de 1 à 15 m et leur largeur, de quelques mètres à des dizaines de mètres; leur longueur peut atteindre environ 2 km. Lorsque ces crêtes indiquent les positions de fronts glaciaires dans d'anciennes masses d'eau, elles sont appelées moraines de De Geer. On en trouve des exemples remarquables à l'est de la baie d'Hudson et notamment au nord du golfe Richmond où la glace en retrait de la fin du Wisconsinien (Nouveau-Québec) donnait dans la mer Tyrrell (fig. 50). De nombreuses moraines de De Geer bien développées se manifestent également dans les régions anciennement couvertes par des lacs glaciaires dans l'Ouest du Québec (fig. 51), dans le Nord de l'Ontario, dans de nombreuses régions des Prairies et dans les Territoires du Nord-Ouest. Les crêtes isolées, qu'elles aient été formées dans un lac ou dans la mer, se situent généralement de 100 à 300 m l'une de l'autre et représentent, semble-t-il, des accumulations annuelles (hivernales) de glace active. Elles se seraient formées à la base d'un glacier, là où il commençait à flotter dans une masse contigüe d'eau, notamment à la base d'une rampe de glace flottante à l'instar de la calotte glaciaire Barnes dans l'île Baffin.

Ailleurs, on trouve des essaims de crêtes plus ou moins semblables dans des vallées, là où l'eau de fonte avait été retenue par un barrage; ces crêtes s'amincissent sur les versants des vallées. On désigne donc ces formes du nom de moraines de type "cross-valley". Toutefois, ces crêtes ne représentent pas forcément des accumulations annuelles; il peut y avoir eu formation d'une ou de plusieurs crêtes la même année ou d'une seule grande crête sur une période de plusieurs années. Des études détaillées de crêtes semblables formées dans un bassin lacustre à l'extrémité sud-ouest de la calotte glaciaire Barnes (île Baffin) ont indiqué que ces crêtes se sont également formées dans un milieu sous-lacustre à la limite du glacier, là où il se termine en une profondeur d'eau légèrement supérieure à 30 m. Le glacier se termine dans le lac sous forme d'une rampe de glace effilée; la glace active en arrière transporte les débris (surtout le till) jusqu'à l'étendue d'eau en forme de coin sous la rampe. Les matériaux provenant de l'intérieur et de la surface de la glace (surtout le sable) sont déposés sur les crêtes de till par l'entremise de moulins (trous dans la surface de la glace) que l'on retrouve le long de la charnière de la

formed in a sublacustrine environment at the grounding line of the glacier where it terminates in a water depth of somewhat more than 30 m. The glacier terminates in the lake as a tapered ice ramp and the active ice behind it transports debris (mainly till) to the wedge-shaped water 'space' beneath the ramp; also materials from within and on top of the ice (mainly sand) are deposited upon the till ridges via moulins (holes in the ice surface) that occur along the hinge line of the ramp. The size of the morainal ridge varies according to the duration of the ice margin at one place, which is dependent on both the activity of the ice and the drainage history of the lake; obviously, changes either in the rate of ice flow or in lake level will affect survival of the ice ramp and hence the position of its grounding line. Thus it appears that the local changes (possible in a relatively small or confined lake in a valley) rather than the regional changes (possible in a major glacial lake or the sea) dictate the type of sublacustrine ridge formed — either cross-valley or De Geer.

In many regions of northern Canada and in Newfoundland there are transverse ridges of yet another type. These are more rib-like in form and do not denote the terminal zone of former ice lobes but, rather, appear to have formed beneath the ice some distance back from the ice front, where great quantities of material were in slow transit. Such ribbed moraine (termed Rogen moraine in Europe) commonly occupies somewhat low areas with respect to adjoining drumlinized terrain (Fig. 53-56). In some regions the ribbed moraine itself is fluted in a manner suggestive of an intimate relationship between ribbing and fluting. The individual ribs in this type of moraine are steep-sided with rounded crests and may be as much as 30 m high and 3 to 8 km long. The arcuate ribs may be separated by individual finger-like lakes or the ribbed moraine may be set in an intricate maze of lakes. If such terrain were situated in our more southern and forested lands they would provide excellent scenic summer resort areas. Some of these areas do occur close to main roads in Newfoundland but the multiple ridges and lakes make further access difficult and there has been little development.

Non-oriented Landforms (hummocky moraine)
Figures 57-66
Not all glacial debris or drift displays lineations either parallel or transverse to the direction of form-

rampe. Les dimensions de la crête morainique varient en fonction de la durée de la présence d'une marge glaciaire à une place, elle même fonction de l'activité de la glace et de l'historique hydrographique du lac; évidemment, des changements dans la vitesse d'écoulement de la glace ou dans le niveau du lac agiront sur la survie de la rampe glaciaire et donc sur la position de ce front. Il semble donc que des variations locales (possibles dans un lac relativement petit ou enfermé dans une vallée) plutôt que des changements régionaux (possibles dans un grand lac glaciaire ou dans la mer) déterminent la nature de la crête sous-lacustre formée, soit transversale, soit de De Geer.

Une autre catégorie de crête transversale existe dans de nombreuses régions du Nord canadien et à Terre-Neuve. Ces crêtes sont plus allongées et ne marquent pas la zone terminale d'anciens lobes glaciaires; elles semblent plutôt avoir été formées sous la glace à une certaine distance du front glaciaire, là où d'énormes quantités de matériaux étaient transportées lentement. Ces moraines côtelées (appelées moraine de Rogen en Europe) se manifestent souvent dans des régions plutôt basses par rapport aux terrains à drumlins voisins (fig. 53-56). Dans certaines régions, la moraine côtelée est également cannelée d'une façon qui semble suggérer l'existence d'un lien étroit entre les côtes et les cannelures. Chaque côte dans cette catégorie de moraine a des versants abrupts et des crêtes arrondies et peut atteindre jusqu'à 30 m de hauteur et de 3 à 8 km de longueur. Les côtes arquées peuvent être séparées par des lacs digités ou la moraine côtelée peut se situer au sein d'un labyrinthe complexe de lacs. Si ce genre de terrain était situé dans les régions forestières plus au sud, il fournirait d'excellents lieux de séjour panoramiques estivaux. On retrouve certaines de ces régions près des routes principales en Terre-Neuve, mais la multiplicité de crêtes et de lacs rend l'accès difficile et ces régions n'ont donc pas encore été mises en valeur.

Formes de relief non orientées (moraine bosselée)
Figures 57-66
Les débris ou les matériaux de transport glaciaires ne présentent pas tous des linéations parallèles ou perpendiculaires à la direction de l'ancien écoulement de la glace; sur de vastes superficies, d'énormes quantités de matériaux glaciaires ont été déposés pêle-mêle, sans orientation, et présentent une surface bosselée dont le relief varie de 2 à 10 m (fig. 57). On appelle moraine bosselée cette catégorie d'accumulations à faible relief, soit la moraine de fond de la plupart de scientifiques. Dans certaines régions, cette moraine est nettement associée aux éléments orientés, ce qui indique que son origine est liée à la glace de glacier. Les débris ou les tills des

er ice flow; over large areas much drift is left in a non-oriented or jumbled array with a distinctly hummocky surface of about 2 to 10 m relief (Fig. 57). This low-relief type of deposit is commonly termed hummocky ground moraine – the ground moraine of most scientists. In some areas this moraine is clearly associated with oriented features, indicating that its origin is related to glacier ice. The debris or till of hummocky ground moraine is largely derived from the basal ice load but some ablation debris may also be present. By far the largest areas of hummocky ground moraine are on our western Prairies where the bedrock is mainly a soft shale or mudstone and where it is believed that broad marginal parts of the last ice sheet became inactive. Some excellent farm lands occur in hummocky ground moraine for the terrain is gently undulating, the materials are not too stony, and the relief is low.

In some areas, measurable in tens of square kilometres, hummocks occur as dense clusters of rather uniform mounds, some with central depressions. These mounds have been termed prairie mounds, and those with central depressions are commonly referred to as doughnut mounds (Fig. 57-59). The mounds range from about 100 to 600 m in diameter and from 3 to 10 m in height; the central depressions may be 1 to 2 m lower than the 'rims' and may have a filling of fine grained sediment.

Several theories exist as to the origin of prairie and doughnut mounds: the sliding of debris from melting ice blocks; the squeezing of debris from beneath ice blocks; the repeated freezing and thawing of ice wedges in a polygonal fracture system (Fig. 60); and the squeezing of debris into mounds containing ice lenses which subsequently melt, resulting in inward collapse. No single theory of origin is suffice to account for the formation of all the till mounds observed in various parts of Western Canada; it is probable that differing processes have been operative in the formation of similar prairie mounds in different areas.

A variant of the doughnut mounds are the plains plateaus (Fig. 61); essentially these are but larger prairie and doughnut mounds, though they are more irregular in shape. They probably originate by a combination of the squeezing and sliding processes.

moraines bosselées proviennent en grande partie de la charge transportée à la base du glacier, mais elles peuvent également contenir une certaine quantité de débris d'ablation. Les plus vastes étendues de moraine bosselée sont situées dans les Prairies de l'Ouest, là où le socle rocheux se compose surtout de schistes argileux ou de pélites tendres et où de larges zones marginales du dernier inlandsis seraient devenues inactives. Les moraines bosselées se prêtent habituellement bien à l'agriculture en raison de leur terrain légèrement ondulé, l'absence de pierres dans les matériaux et leur relief peu accidenté.

Dans certaines régions, de l'ordre de dizaines de kilomètres carrés, des bosses se présentent sous forme d'amas compact de buttes plutôt uniformes, appelées monticules de prairies. Ces buttes ont parfois des dépressions centrales et sont alors appelées monticules en forme de beignet (fig. 57-59). Le diamètre de ces monticules varie de 100 à 600 m et la hauteur, de 3 à 10 m; les dépressions centrales peuvent s'enfoncer de 1 à 2 m par rapport aux bords et être remplies de sédiments fins.

Il existe plusieurs théories sur l'origine de ces monticules: le glissement de débris des blocs de glace en fusion; la compression de débris de dessous de blocs de glace; le gel et le dégel répétés des coins de glace dans un système de fractures polygonales (fig. 60); et la compression de débris en monticules contenant des lentilles de glace dont la fusion ultérieure entraîne un effondrement vers l'intérieur. Aucune théorie de l'origine ne permet, à elle seule, d'expliquer la formation de tous les monticules de till observés dans diverses parties de l'Ouest canadien; il est probable que des processus différents ont donné lieu à la formation de monticules de prairies semblables dans diverses régions.

Les plateaux de plaines (fig. 61) sont une variante des monticules en forme de beignet; il s'agit de monticules de prairies et de monticules en forme de beignet plus imposants, quoique de forme plus irrégulière. Ils résultent probablement d'une combinaison des processus de compression et de glissement.

Bien que les moraines bosselées soient mieux développées dans les plaines Intérieures du Canada, elles se manifestent également un peu partout dans le Bouclier canadien. Les régions bosselées sont toutefois plus restreintes et des surfaces de moraine de fond orientée ou de socle rocheux les entourent. Dans la majeure partie du Bouclier canadien, le till est sableux et pierreux en raison de la nature des roches-mères; le processus de compression ou de pression y aurait donc été moins important. Les moraines bosselées dans ces régions seraient donc directement liées à la répartition du matériel de fond et d'ablation dans ou sur la glace, processus auquel ont succédé des phénomènes d'effondrement et d'érosion.

Dans les Prairies on retrouve d'immenses étendues de terrain bosselé à relief généralement saillant; les

Though hummocky ground moraine is best developed on Canada's Interior Plains, it is also present throughout much of the Canadian Shield. The hummocky areas are more restricted, however, and are encompassed by areas of oriented ground moraine or bedrock. In most parts of the Canadian Shield the till is sandy and stony because of the nature of the source rocks, hence the squeezing or pressing process was probably less important. Hummocky moraine in such regions must therefore relate directly to the distribution of basal and ablation materials in or on the ice, followed by slumping and erosion.

On the Prairies great tracts of hummocky terrain occur with generally high relief where prairie and doughnut mounds are uncommon but kettle lakes or ponds are numerous. The local relief may be between 30 and 45 m and necessarily involves greater quantities of debris than is the case in the development of hummocky ground moraine, including prairie mounds and plains plateaus. Such hummocky terrain is considered to result from stagnation and disintegration of the ice sheet over broad areas of relatively high ground while thicker ice remained active in surrounding lower areas. It would appear that prior to the stagnation of ice over the upland areas, the more active ice in the adjoining lower areas contributed much debris to the uplands by shearing or thrusting. This concentration of drift on the upland areas contributed, in turn, to the stagnation process. Geologically speaking this type of hummocky terrain is referred to as disintegration moraine, also stagnation and dead-ice moraine (Fig. 62, 63). The disintegration of the ice in the high area was probably accompanied by the sliding of former englacial and supraglacial debris as the ice melted. In large part, however, the present hummocky, ridged, and pitted or kettled topography has resulted from the squeezing of saturated basal debris, mainly clayey till, from beneath large massive blocks of the stagnating ice sheet; the materials were squeezed into crevasses and depressions in the interblock areas of more fragmented ice. Because of the combined squeezing and sliding of debris within the disintegrating upland ice masses, one or more significant inversions of topography were possible. This accounts for the complexity of stratigraphic relationships in such areas. It is not uncommon to find

monticules de prairies et en forme de beignet y sont généralement rares, mais les lacs ou étangs de kettle (dépressions fermées), par contre, abondent. Le relief local varie de 30 à 45 m et provient d'une accumulation de débris plus importante que celle ayant contribué à la formation des moraines bosselées, notamment des monticules de prairies et des plateaux de plaines. Ce genre de terrain bosselé aurait été produit par la stagnation et la désagrégation de l'inlandsis sur de vastes étendues de terres relativement élevées tandis que la glace plus épaisse serait demeurée active dans les basses terres environnantes. Il semble qu'avant la stagnation de la glace sur les hautes terres, la glace plus active dans les basses terres voisines aurait provoqué l'accumulation d'une grande quantité de débris sur les hautes terres grâce à un processus de cisaillement ou de chevauchement. Cette concentration de matériaux glaciaires dans les hautes terres aurait subséquemment entraîné la stagnation. Cette catégorie de terrain bosselé est appelée moraine de désagrégation, ou moraine de stagnation et de glace morte (fig. 62-63). La désagrégation de la glace dans les hautes terres était probablement accompagnée par le glissement d'anciens débris intraglaciaires et supraglaciaires à mesure que fondait la glace. Toutefois, la topographie actuelle bosselée, ridée, à dépressions dues à la fusion de la glace ou à dépressions fermées proviennent en grande partie de la compression des débris glaciaires de fond saturés, notamment du till argileux, de dessous de grands blocs massifs de l'inlandsis stagnant; les matériaux ont rempli les crevasses et les creux dans les zones interstitielles des blocs de glace plus fragmentés. La compression et le glissement des débris au sein des masses glaciaires en désagrégation dans les hautes terres pouvaient donner lieu à une ou plusieurs inversions importantes du relief. Ce phénomène explique la complexité des liens stratigraphiques dans ces régions. Il n'est pas rare de trouver des matériaux organiques postglaciaires récents enfouis sous des matériaux de transport glaciaires anciens; puisque l'accumulation de matériaux organiques est un processus lent, leur présence permet de mesurer le temps écoulé lors de la fusion des masses de glace enfouies et des inversions consécutives du relief.

En raison du relief local saillant et la présence d'un grand nombre d'étangs, les zones recouvertes de moraines de désagrégation sont rarement utilisées à des fins agricoles bien qu'elles servent parfois de pâturages ou de parcs. On trouve souvent dans les Prairies d'importantes formes de relief élevées à surface plane, parfois à crête marginale prononcée, au sein des régions de moraines de désagrégation. Les crêtes sont composées de till argileux à limoneux, tandis que les surfaces planes ont un plancher de sédiments stratifiés à grains fins et témoignent de l'emplacement d'anciens étangs et lacs de barrage au sein des masses de glace stagnantes dans les

younger postglacial organic material buried beneath older glacial drift; as the accumulation of organic material is a slow process, such occurrences provide some measure of the time involved in the melting of buried masses of ice and consequent topographic inversions.

Because of the local high relief and presence of numerous ponds, areas of disintegration moraine are seldom suitable for agricultural purposes though some provide pasture land or serve as parks. Within areas of disintegration moraine on the Prairies, relatively large, high, flat-topped features, some with marked rim ridges, are common. The ridges are composed of clayey to silty till whereas the flat areas have a floor of fine grained stratified sediments and are clearly the sites of former ice-confined ponds and lakes within the stagnating ice masses of the uplands. These flat-topped features, including their variably developed rim ridges are referred to as moraine plateaus (Fig. 65). The rim ridges are considered to represent glacial debris squeezed out and upward from beneath large ice blocks (with their pond areas) into the interblock areas of slumped sediment and minor buried ice blocks. Some of the plateaus are several kilometres across and provide fine farm land in an otherwise inhospitable terrain. Disintegration moraine is also present in large parts of the Great Bear Lake – Mackenzie Valley region where, as on the Prairies, the underlying strata are Cretaceous shales and other soft rocks which provided the copious supplies of generally clayey materials necessary to promote the squeezing and flow of the glacial till.

Irregular, non-oriented ridges, known as ice-block ridges or slide moraine (Fig. 66), form where debris slides from melting ice blocks into the interblock areas; such material is generally more sandy and/or gravelly than the surrounding till. Irregular ridges in the Lake Simcoe area of southeastern Ontario, north of Artillery Lake in the District of Mackenzie, and south of Ungava Bay in Quebec are presumed to be of this origin; but such areas are small compared to those of ice-pressed origin in Western Canada.

hautes terres. On désigne ces formes à surface plane, ainsi que leurs crêtes bordières à développement variable, du nom de plateaux morainiques (fig. 65). Les crêtes bordières représenteraient des débris glaciaires qui proviennent de la partie inférieure de grands blocs de glace (y compris leurs étangs) et qui, suite à un processus de compression de bas en haut, ont rempli les zones interstitielles de sédiments effondrés et de petit blocs de glace enfouis. Certains de ces plateaux ont plusieurs kilomètres de diamètre et se révèlent d'excellentes terres agricoles dans une région autrement inhospitalière. Les moraines de désagrégation se manifestent également dans la région du Grand lac de l'Ours et de la vallée du Mackenzie, là où, comme dans les Prairies, les couches sous-jacentes sont composées de schistes argileux crétacés et d'autres roches tendres qui fournissent les abondantes quantités de matériaux généralement argileux requis pour amorcer les processus de compression et d'écoulement du till glaciaire.

Des crêtes irrégulières, non orientées, appelées "ice block ridges" (crêtes délimitant l'emplacement d'anciens culots de glace) ou moraines de glissement (fig. 66), se forment là où des débris se détachent des blocs de glace en fusion et glissent entre les blocs; ces matériaux sont généralement plus sableux ou graveleux que le till environnant. Des crêtes irrégulières dans la région du lac Simcoe dans le Sud-Est de l'Ontario, au nord du lac Artillery dans le district de Mackenzie et au sud de la baie d'Ungava au Québec auraient été formées de cette façon; toutefois, ces régions ne couvrent qu'une faible étendue en comparaison des vastes surfaces que couvrent, dans l'Ouest du Canada, les régions qui doivent leur origine à la pression de la glace.

Selected Bibliography   Bibliographie sélective

Till and Glacial Erratics
Till et blocs erratiques

The geology of Canadian Tills; in Glacial Till, ed. R.F. Legget, 1976: Royal Sociaty of Canada, Special Publication 12, p. 50-66.

The Erratics Train, Foothills of Alberta; A. MacS. Stalker, 1956: Geological Survey of Canada, Bulletin 37, 31 p.

Jasper area, Alberta, a source of the Foothills Erratics Train; E.W. Mountjoy, 1958: Journal of the Alberta Society of Petroleum Geology, v. 6, no. 9, p. 218–226.

The Foothills Erratics Train of Alberta; J.C. Tharin, 1969: Michigan Academician, v. 11, no. 2, p. 113-124.

Red Lake-Lansdowne House area, northwestern Ontario, surficial geology; V.K. Prest, 1963: Geological Survey of Canada, Paper 63-6, 23 p.

Glacial Landforms
Formes de relief glaciaires

Air photographs of Alberta; C.P. Gravenor, R. Green, and J.P. Godfrey; 1960: Research Council of Alberta, Bulletin 5, 39 p.

Landforms of British Columbia, a physiographic outline; S.S. Holland, 1964: British Columbia Department of Mines, Victoria, Bulletin 48, 138 p.

The Physiography of Southern Ontario; L.J. Chapman and D.F. Putman, 1966: University of Toronto Press.

Glacial Map of Canada; V.K. Prest, D.R. Gant, and V.N. Rampton, 1968: Geological Survey of Canada, Map 1253A.

A catalogue of selected air photographs; H.S. Bostock, 1968: Geological Survey of Canada, Paper 67-48, 163 p.

Morphoclimatic observations on prairie mounds; M.J.J. Bik, 1968: Zeitschrift fur Geomorphologie, Bd 12, H 4, p. 409-469.

Landforms and surface materials of Canada – A Stereoscopic Airphoto Atlas and Glossary; J.D. Mollard, 1973: J.D. Mollard Consultants, Regina, Saskatchewan. 1 volume, illustrative plates.

Focus on Canadian Landscapes/Regards sur les paysages canadiens; R.G. Blackadar and L.E. Vincent, 1973: Geological Survey of Canada, Miscellaneous Report 19, 178 p.

National Atlas of Canada; 1974: see Map 1-2, Relief; Map 31-32 Glacier retreat; Map 33-34, Glacial geology; Map 35-36, Post-glacial rebound; Map 37-38,

Surface materials; Department Energy, Mines and Resources, Ottawa, and Macmillan Company, Toronto, 4th edition.

The Landscapes of Southern Alberta – A regional geomorphology; C.B. Beaty and G.S. Young, 1975: Department of Geography, University of Lethbridge, Alberta, 95 p.

Pleistocone geology of the Lake Simcoe district, Ontario: R.E. Deane, 1950: Geological Survey of Canada, Memoir 256, 108 p.

Glacial flutings in central and northern Alberta; C.P. Gravenor and W.A. Meneley, 1958: American Journal of Science, v. 256, no. 10, p. 715-728.

Surficial geology of Sturgeon Lake map-area, Alberta; E.P. Henderson, 1959: Geological Survey of Canada, Memoir 303, 108 p.

Ice-disintegration features in western Canada; C.P. Gravenor and W.D. Kupsch, 1959: Journal of Geology, V. 67, no. 2, p. 48-64.

Glacial morphology and the inland ice recession in northern Sweden; G. Hoppe, 1959: Geographie Annaler, v. 41A, p. 193-212.

Ice-pressed drift forms and associated deposits; A. MacS. Stalker, 1960: Geological Survey of Canada, Bulletin 57, 38 p.

Cross-valley moraines of the Rimrock and Isortoq river valleys, Baffin Island, Northwest Territories – a descriptive analysis; J.T. Andrews, 1963: Geographical Bulletin, no. 19, p. 49-77.

Nomenclature of moraines and ice-flow features as applied to the Glacial Map of Canada; V.K. Prest, 1968: Geological Survey of Canada, Paper 67-57, 32 p.

Glacial geomorphology and Pleistocene history of central British Columbia; H.W. Tipper, 1971: Geological Survey of Canada, Bulletin 196, 89 p.

Development, landforms and chronology of Generator Lake, Baffin Island, Northwest Territories; D.M. Barnett, 1967: Geographical Bulletin, v. 9, no. 3, p. 169-188.

Ice deformation and moraine formation at the margin of an ice cap adjacent to a proglacial lake; G. Holdsworth, 1973: in Research in Polar and Alpine Geomorphology, ed. B.D. Fayey and R.D. Thompson, p. 187-199, 3rd Guelph Symposium on Geomorphology.

Origin, morphology and chronology of sublacustrine moraines, Generator Lake, Baffin Island, Northwest Territories, Canada; D.M. Barnett and G. Holdsworth, 1974: Canadian Journal of Earth Sciences, v. 11, no. 3, p. 380-408.

Glacier-bed landforms of the Prairie region of North America; G.R. Moran, L. Clayton, R. Le B. Hooke, M.M. Fenton, and L.D. Andriashek, 1978: Journal of Glacialogy, v. 25, no. 93, p. 457-476.

Figure 25.   Perched erratics.
a)   Hayes River valley, District of Keewatin; Northwest Territories; this is an unusual occurrence in that it is just below marine limit; debris has been washed away in a quiet-water embayment; normally any wave action would topple such an erratic. S.C. Zoltai, GSC 203797-P
b)   Inland from Red Bay, Labrador (51°45'N, 56°30'W). D.R. Grant, GSC 188746

Figure 25.   Blocs erratiques perchés.
a)   Vallée de la rivière Hayes, district de Keewatin, dans les Territoires du Nord-Ouest; il s'agit d'un phénomène assez inusité puisque le bloc se trouve au-dessous de la limite marine; les débris ont été emportés dans une baie aux eaux calmes; en temps normal, une simple vague suffirait à renverser ce bloc. S.C. Zoltai, CGC 203797-P.
b)   Vers l'intérieur des terres, près de Red Bay, au Labrador (51°45'N, 56°30'W). D.R. Grant, CGC 188746.

Figure 26.   Erratic blocks and boulders.
a)   Erratic in 5 m of water, western end of Lake St. Joseph (Albany River), northwest Ontario. V.K. Prest, GSC 200737-C
b)   Erratic block of gabbro resting on glacial drift overlying Cretaceous-age sediments on eastern Banks Island, District of Franklin (72°0.5'N, 120°20'W). The erratic was carried across Prince of Wales Strait from a source at least 100 km distant on Victoria Island. J-S. Vincent, GSC 176281
c)   Erratic near Elbow, Saskatchewan. This boulder was referred to as 'Mistaseni' or Great Stone by Cree Indians who were still leaving offerings to 'Manitou' on its surface during the early development of Western Canada; the depression around the boulder was caused by the combined effects of animals and wind. The rock was destroyed by blasting prior to flooding of the area by the Gardiner Dam to form Lake Diefenbaker. J.S. Scott, 1959, GSC 129986

Figure 26.   Blocs erratiques.
a)   Bloc erratique dans 5 m d'eau, à l'extrémité ouest du lac St.Joseph (rivière Albany), dans le Nord-Ouest de l'Ontario. V.K. Prest, CGC 200737-C.
b)   Bloc erratique de gabbro sis sur des matériaux de transport glaciaire recouvrant des sédiments du Crétacé, sur la côte est de l'île Banks, district de Franklin (72°0,5'N, 120°20'W). Le bloc a été charrié d'une rive à l'autre du détroit du Prince-de-Galles, à partir d'un point situé au moins 100 km plus loin, dans l'île Victoria. J.-S. Vincent, CGC 176281.
c)   Bloc erratique près d'Elbow, en Saskatchewan. Les Cris, qui le surnommaient "Mistaseni" ou "Grande Pierre", y laissaient encore des offrandes au "Manitou" durant les premières années d'établissement dans l'Ouest du Canada; la dépression qui entoure le bloc provient de l'action combinée des animaux et de l'érosion éolienne. La pierre a été détruite par dynamitage juste avant l'inondation de la région provoquée par l'ouverture du barrage Gardiner en vue de créer le lac Diefenbaker. J.S. Scott, 1959, CGC 129986.

Figure 27.   The Erratics Train, Foothills of Alberta. A. MacS.
Stalker
a)   View along a small part of the erratics train showing several
large blocks with their associated depressions in tp. 28, rge. 14,
W4th mer., Alberta. GSC 200737
b)   Large block in tp. 25, rge. 1, W5th mer., Alberta; the small
cobbles and boulders have been cleared from adjoining farmland. GSC 147810
c)   "Big Rock", Okotoks, Alberta. This may be the world's
largest surface erratic; it is considered to have been a single
block about 41 × 18 × 9 m, with an estimated weight of 16 400
tonnes, and transported about 500 km. GSC 179790

*Figure 27.   Alignement de blocs glaciaires erratiques, Foot-
hills de l'Alberta. A. MacS. Stalker.*
*a)   Vue d'une petite partie de la traînée de blocs erratiques,
notamment de plusieurs blocs d'une taille considérable et des
dépressions qui leurs sont associées (tp. 28, rge 14, W4ᵉ mér.) en
Alberta. CGC 200737.*
*b)   Gros bloc (tp. 25, rge. 1, W5ᵉ mér.) en Alberta; les petits
blocs et les pierres ont été enlevés de terres agricoles attenantes.
CGC 147810.*
*c)   "Big Rock" à Okotoks, en Alberta. Pourrait bien être le plus
grand bloc erratique à la surface du globe; il aurait été constituée d'un seul bloc mesurant environ 41 m sur 18 m sur 9 m, le
tout pesant approximativement 16 400 t, et aurait été déplacé
sur environ 500 km. CGC 179790.*

Figure 28.   Glacial till.
a)   Clean-cut roadside section of basal or lodgment till, 10 km north-northeast of Charlottetown, Prince Edward Island; the clasts are soft sandstone that was readily sliced by a power shovel during 'ditching' operations; the groundmass is a mixture of sand, silt, and clay-sized particles derived from the sandstone bedrock. V.K. Prest, GSC 168883
b)   Basal clayey sand till exposed in a lakeshore cliff near Bowmanville, Ontario. Courtesy of R.F. Black, GSC 203068-L
c)   Ablation silty sand till near Tracadie Station, Prince Edward Island; note the irregular stratification preserved beneath the weathered surface mantle. V.K. Prest, GSC 168881

Figure 28.   Till glaciaire.
a)   Section nette de till de fond, le long d'une route, à 10 km au nord-nord-est de Charlottetown, dans l'Île-du-Prince-Édouard; les fragments se composent de grès tendre qu'une pelle mécanique utilisée au cours du creusement de la tranchée a aisément découpé; le sol est un mélange de sable, de limon et de particules de la grosseur de grains d'argile provenant de la roche gréseuse en place. V.K. Prest, CGC 168883.
b)   Till de fond de sable argileux, exposé sur une falaise, au bord d'un lac près de Bowmanville, en Ontario. Avec la permission de R.F. Black, CGC 203068-L.
c)   Till d'ablation composé de sable limoneux, près de Tracadie Station, dans l'Île-du-Prince-Édouard; à noter, la stratification irrégulière conservé au-dessous de la couche superficielle altérée. V.K. Prest, CGC 168881.

Figure 29.   Boulder pavement.
a)   Boulder pavement between two tills near Lena, Manitoba (49°04'N, 99°40'W).
b)   Close-up view; compass and whisk on flat, planed-off boulders of mixed lithologies. J.A. Elson, GSC 123222, 123218

Figure 29.   Pavage de blocs.
a)   Pavage de blocs entre deux tills, près de Lena, au Manitoba (49°04'N, 99°40'W).
b)   Détail vu de près; la boussole et le balai ont été placés sur des blocs plats et aplanis de lithologie mixte. J.A. Elson, CGC 123222, 123218.

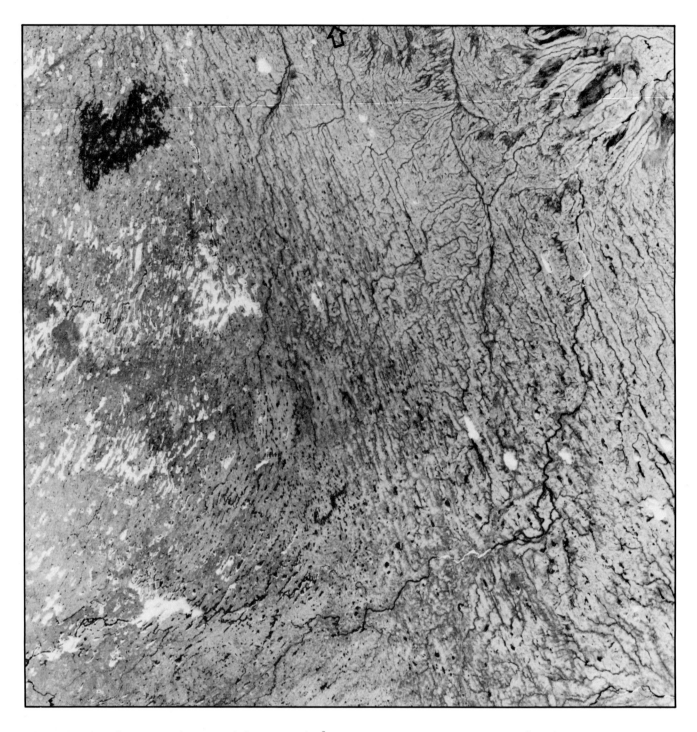

Figure 30.   Satellite image of an area of about 35000 km² in northwestern Ontario showing two distinct ice-flow patterns. The curving pattern (in western part of image) was made by active ice as the glacier margin receded towards Hudson Bay and James Bay. The straight pattern (in the eastern part of the image) was made by a late and final advance of the glacier out of Hudson Bay. This latter event is known as the Cochrane surge phase of the Late Wisconsinan glacial stade; it cuts across and eradicates the older flow pattern. The river crossing the image from southwest to northeast is Attawapiskat River which empties into James Bay. Landsat Image E 20105-16065

Figure 30.   Image prise par satellite d'une région d'environ 35 000 km² dans le Nord-Ouest de l'Ontario qui présente deux tracés distincts d'écoulement glaciaire. Le tracé curviligne (partie ouest de l'image) a été fait par l'écoulement de glace active au fur et à mesure que reculait la marge du glacier vers la baie d'Hudson et la baie James. Le motif rectiligne (partie est de l'image) représente une dernière poussée tardive du glacier, provenant de la baie d'Hudson. Cette dernière phase représente l'avancée glaciaire Cochrane survenue vers la fin du Wisconsinien supérieur; elle traverse et efface le tracé plus ancien. La rivière qui coupe l'image du sud-ouest au nord-est est l'Attawapiskat, qui se déverse dans la baie James. Image Landsat E 20105-16065.

Figure 31. Glacial fluting, immediately northwest of North Battleford, Saskatchewan; amplitude of the undulating surface averages 2 to 4 m. NAPL A6667-11

Figure 31. Rainures glaciaires, immédiatement au nord-ouest de North Battleford, en Saskatchewan; les ondulations du terrain atteignent, en moyenne, de 2 à 4 m de hauteur. PNA A6667-11.

Figure 32. Glacial fluting developed on till, 100 km north-northeast of Cochrane, Ontario. Ice flow (the Cochrane surge phase of the Late Wisconsinan) was from the north-northwest. NAPL A13390-76

Figure 32. Rainures glaciaires sur du till, à 100 km au nord-nord-est de Cochrane, en Ontario. La glace s'écoulait (durant la phase Cochrane du Wisconsinien supérieur) en provenance du nord-nord-ouest. PNA A13390-76.

Figure 33. Drumlinoid ridges and glacial fluting, south of Thelon River, west-central District of Keewatin (view eastward from 64°05′N, 102°15′W); depth of view is about 32 km; ice flowed towards the observer. NAPL T301L–223

Figure 33. Drumlinoïdes et rainures glaciaires, au sud de la rivière Thelon, dans le centre-ouest du district de Keewatin (vue prise en direction de l'est à partir du point 64°05′N, 102°15′W); la vue s'étend sur environ 32 km; la glace s'écoulait en direction du point d'observation. PNA T301L-223.

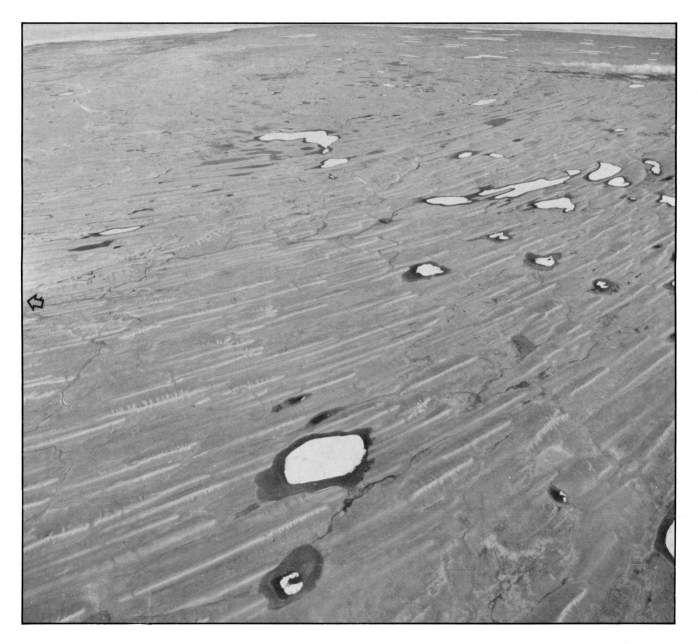

Figure 34. Drumlinoid ridges grading into glacial fluting where the ice was forced around an area of higher ground (upper left), and drumlins where ice flowed in the depression between Stephansson and Victoria islands; oblique aerial view to northeast across Stephansson Island, Queen Elizabeth Islands (73°30'N, 106°00'W), Northwest Territories; the larger lake in the foreground is about 1600 m long. NAPL T327R-171

Figure 34. Drumlinoïdes se transformant graduellement en rainures là où la glace a dû contourner une surface plus élevée (coin supérieur gauche), et en drumlins là où la glace s'est écoulée dans une dépression, entre les îles Victoria et Stephansson; vue aérienne oblique prise en direction du nord-est qui montre l'île Stephansson, dans les îles Reine-Élisabeth (73°30'N, 106°00'W), dans les Territoires du Nord-Ouest; le grand lac, au premier plan, s'étend sur une longueur d'environ 1 600 m. PNA T327R-171.

Figure 35.   Fluted drumlins in the Peterborough drumlin field of eastern Ontario (44°15′N, 78°15′W); note the close association of drumlins, drumlinoid ridges, and fluting; ice flowed southwest. Stereoscopic pair. NAPL A19540-34, 35

Figure 35.   Drumlins cannelés, dans le champ de drumlins de Peterborough, dans l'est de l'Ontario (44°15′N, 78°15′W); à noter, la proximité des drumlins, des drumlinoïdes et des rainures; la glace s'écoulait vers le sud-ouest. Couple stéréoscopique, PNA A19540-34, 35.

Figure 36.   Drumlin, southwest of Red Deer, Alberta; this drift ridge is 1 km long by 15 m high; a grove of trees grows on the steeper, up-ice end of the drumlin. A. MacS. Stalker, GSC 147819

Figure 36.   Drumlin, au sud-ouest de Red Deer, en Alberta; cette crête glaciaire a 1 km de longueur et 15 m de hauteur; des arbres poussent sur la pente plus raide de l'extrémité amont du drumlin. A. MacS. Stalker, CGC 147819.

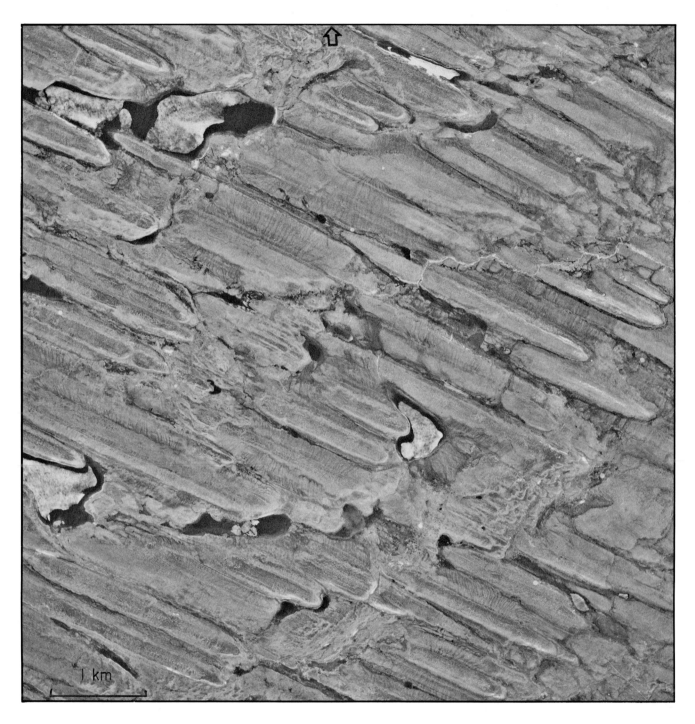

Figure 37. Drumlin field southwest of Beverley Lake, District of Keewatin, Northwest Territories (64°15′N, 101°30′W); ice flowed northwest. NAPL T300C-39

Figure 37. Champ de drumlins au sud-ouest du lac Beverley, dans le district de Keewatin, dans les Territoires du Nord-Ouest (64°15′N, 101°30′W); la glace s'écoulait vers le nord-ouest. PNA·T300C-39.

61

Figure 38. Curving drumlin field on promontory at the western end of Coronation Gulf, Northwest Territories. Southwest-flowing ice from Victoria Island was deflected westward by northwest-flowing ice in Coronation Gulf. Note the presence of beaches below the clearly defined marine limit on this upland surface. Lake in top centre of photo is 15 km long. NAPL T305L–31

Figure 38. Champ de drumlins curvilignes sur un promontoire situé dans la partie ouest du golfe du Couronnement, dans les Territoires du Nord-Ouest. La glace s'écoulant vers le sud-ouest en provenance de l'île Victoria a été détournée vers l'ouest pour se jeter dans le golfe par une autre langue de glace s'écoulant vers le nord-ouest. À noter, la présence de plages au-dessous de la limite marine bien visible, dans ces hautes terres. Le lac aperçu au centre de la partie supérieure de la photo, a 15 km de longueur. PNA T305L-31.

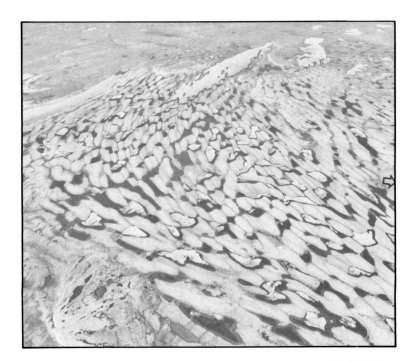

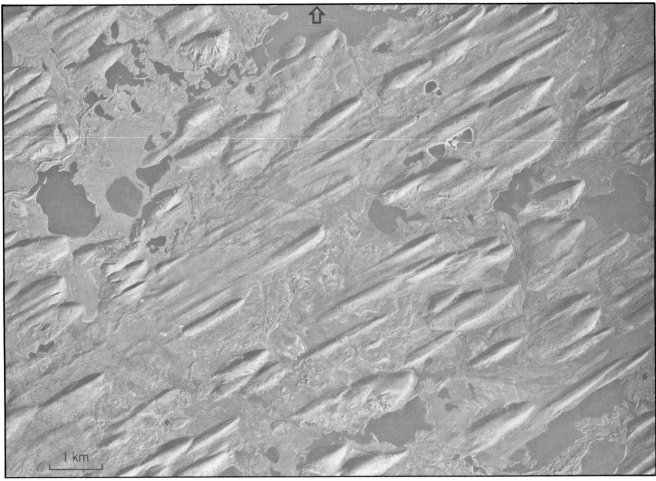

Figure 39. Drumlin field with some drumlinoid ridges and fluting, south of Lake Athabasca, northwest Saskatchewan; note also the small eskers; ice flowed southwestward. NAPL A14509-5

Figure 39. Champ de drumlins, avec drumlinoïdes et rainures, au sud du lac Athabasca, dans le Nord-Ouest de la Saskatchewan; à noter aussi, la présence de petits eskers; la glace s'écoulait vers le sud-ouest. PNA A14509-5.

Figure 40. Crag and tail feature, Hayes River, District of Keewatin, Northwest Territories. Ice flowed from southeast (left to right), and glacier debris lodged in the lee of the rock knob. Courtesy of J.D. Johnson, GSC 203797-S

Figure 40. Traînée de débris, rivière Hayes, district de Keewatin, dans les Territoires du Nord-Ouest. La glace s'écoulait en provenance du sud-est (de gauche à droite), et les débris glaciaires se sont déposés sur la face aval du monticule rocheux. Avec la permission de J.D. Johnson, CGC 203797-S.

1 km

Figure 41. Crag and tail features (with some drumlins) on the lee or down-ice side of scoured rock ledges, Victoria Island. District of Franklin, Northwest Territories. NAPL A16330–58

Figure 41. Formes de "crag and tail" (y compris quelques drumlins) sur la face aval de saillies rocheuses décapées dans l'île Victoria, district de Franklin, dans les Territoires du Nord-Ouest. PNA A16330-58.

Figure 42.
a, b)   An unusual bouldery ridge that is part of the Manitou-Matamek end moraine system, north shore St. Lawrence River (50°27′N, 65°45′W); this part of the system is probably a push moraine from which the finer materials have been washed out by meltwater. Closer view shows 1 to 3 m-diameter boulders. Courtesy of J-M. Dubois, GSC 202280-R, 200737-E

Figure 42.
a,b)   Crête de blocs inhabituelle qui fait partie du réseau de moraines frontales Manitou-Matamek, sur la rive nord du fleuve Saint-Laurent (50°27′N, 65°45′W); cette partie de la moraine est probablement une moraine de poussée dont les matériaux les plus fins ont été emportés par les eaux de fonte. Le gros plan révèle la présence de blocs de 1 à 3 m de diamètre. Avec la permission de J.-M. Dubois, CGC 202280-R, 200737-E.

Figure 43.   An end moraine formed beneath an ice ramp in a glacial lake and associated with De Geer and cross-valley moraines; Generator Lake at the southeast end of Barnes Ice Cap, Baffin Island, Northwest Territories. D.M. Barnett, GSC 168120

Figure 43.   Moraine frontale formée sous un talus de glace, dans un lac glaciaire; elle est associée à des moraines de De Geer et à des moraines transversales (moraines de type "cross-valley"); lac Generator, à l'extrémité sud-est de la calotte glaciaire Barnes, île Baffin, dans les Territoires du Nord-Ouest. D.M. Barnett, CGC 168120.

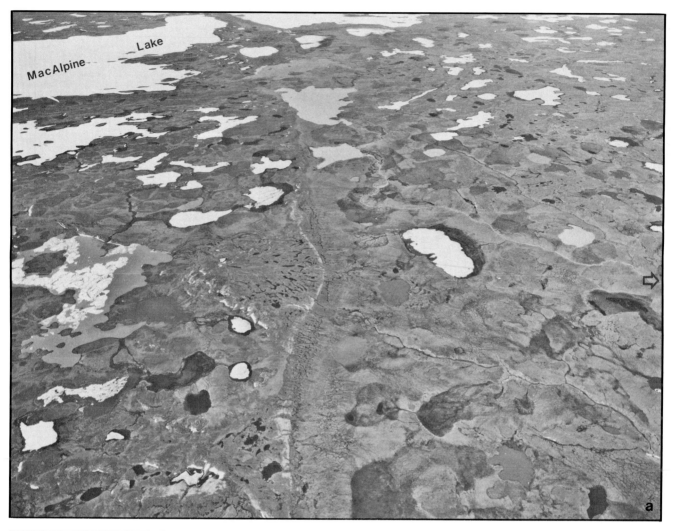

MacAlpine Lake

Figure 44.
a) MacAlpine Moraine, District of Mackenzie, Northwest Territories (67°50′N, 102°30′W); ice flowed northward towards Queen Maud Gulf; note the deltas built into the postglacial sea and now at about elevation 195 m; depth of view is about 45 km. NAPL T456R–37
b) Ground view of MacAlpine Moraine from about 66°46′N, 102°40′W. Moraine has maximum relief of about 60 m. W. Blake Jr., GSC 203797-W

Figure 44.
a) Moraine MacAlpine, district de Mackenzie, dans les Territoires du Nord-Ouest (67°50′N, 102°30′W); la glace s'écoulait en direction du nord, vers le golfe Reine-Maud; à noter, les deltas autrefois formés dans la mer post-glaciaire se trouvent maintenant soulevés à environ 195 m de hauteur; la vue s'étend sur environ 45 km. PNA T456R-37.
b) Vue au sol de la moraine MacAlpine, d'un point situé approximativement à 66°46′N, 102°40′W. La moraine a un relief maximal d'environ 60 m. W. Blake, fils, CGC 203797-W.

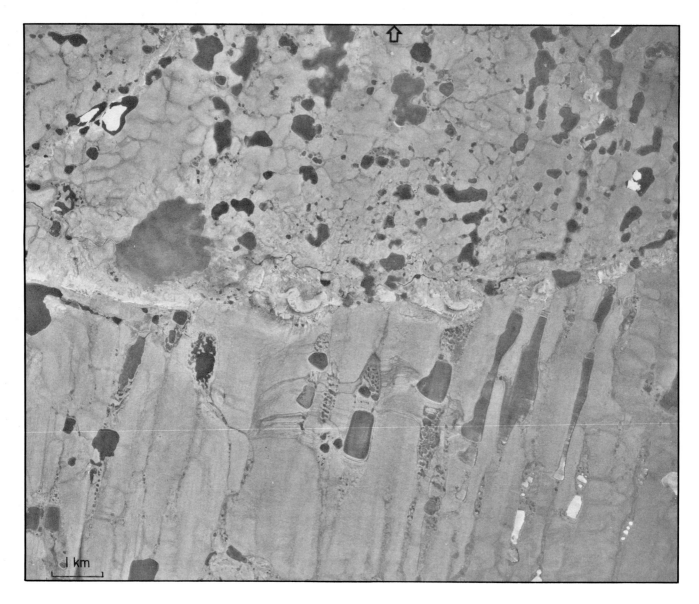

Figure 45.   End moraine north of Great Bear Lake, District of Mackenzie, Northwest Territories. Ice advanced from the north over earlier drumlinized terrain, the trace of which may still be discerned through the younger drift. NAPL A14149-63

Figure 45.   Moraine frontale au nord du Grand lac de l'Ours, district de Mackenzie, dans les Territoires du Nord-Ouest. La glace, provenant du nord, a recouvert un ancien terrain modelé en drumlins dont on peut encore distinguer les formes au travers des dépôts plus récents. PNA A14149-63.

Figure 46. Corrugated ground moraine, west of Grayson, Saskatchewan (50°43′N, 102°40′W); local relief is between 3 and 5 m. Stereoscopic pair, NAPL A15975-40,41

Figure 46. Moraine de fond ondulée, à l'ouest de Gryson, en Saskatchewan (50°43′N, 102°40′W); le relief local varie entre 3 et 5 m. Couple stéréoscopique, PNA A15975-40, 41.

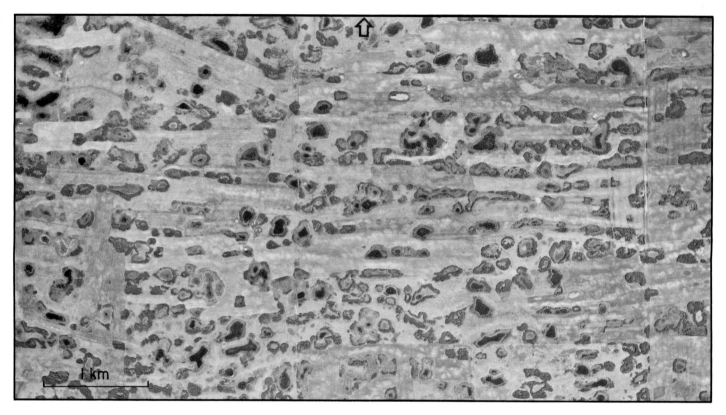

Figure 47. Corrugated ground moraine, south of Burrows, Saskatchewan (50°12'N, 102°08'W). NAPL A12072-172

Figure 47. Moraine de fond ondulée, au sud de Burrows, en Saskatchewan (50°12'N, 102°08'W). PNA A12072-172.

Figure 48. Corrugated ground moraine, southwest of Birtle, Manitoba (50°05'N, 101°20'W); these are large-sized features and may involve thrusting of bedrock beneath thick glacial drift. NAPL A11677-90

Figure 48. Moraine de fond ondulée, au sud-ouest de Birtle, au Manitoba (50°05'N, 101°20'W); ces macro-formes pourraient résulter d'une poussée de la roche en place sous d'épais sédiments glaciaires. PNA A11677-90.

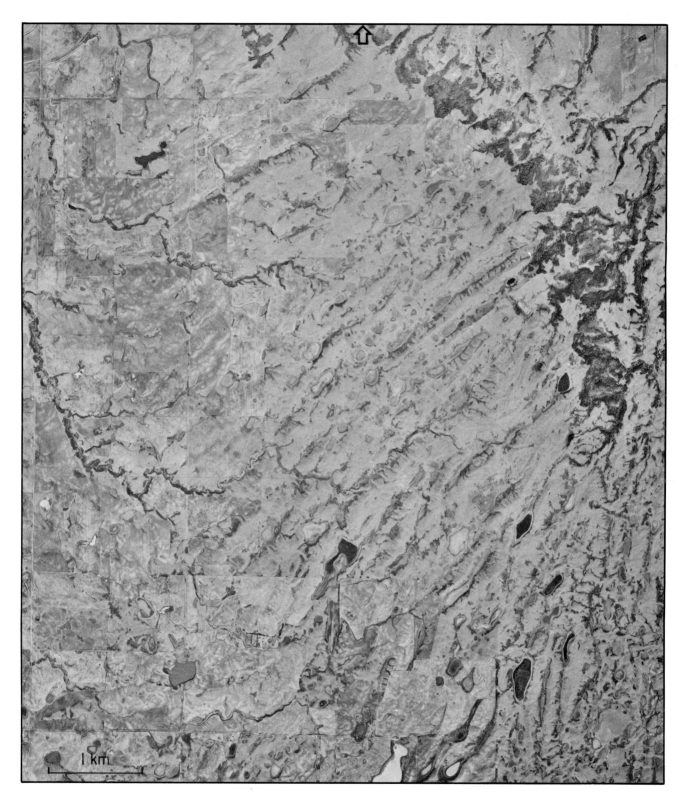

Figure 49. Ice-thrust moraine, The Dirt Hills, Saskatchewan (49°59′N, 105°15′W). The ridges are comprised of successive slices of Cretaceous strata with a drift mantle of about 10 to 15 m. NAPL A17497-77

Figure 49. Moraine de chevauchement, The Dirt Hills, en Saskatchewan (49°59′N, 105°15′W). Les crêtes se composent de lambeaux successifs de strates du Crétacé, recouverts d'une couche de sédiments glaciaires de 10 à 15 m. PNA A17497-77.

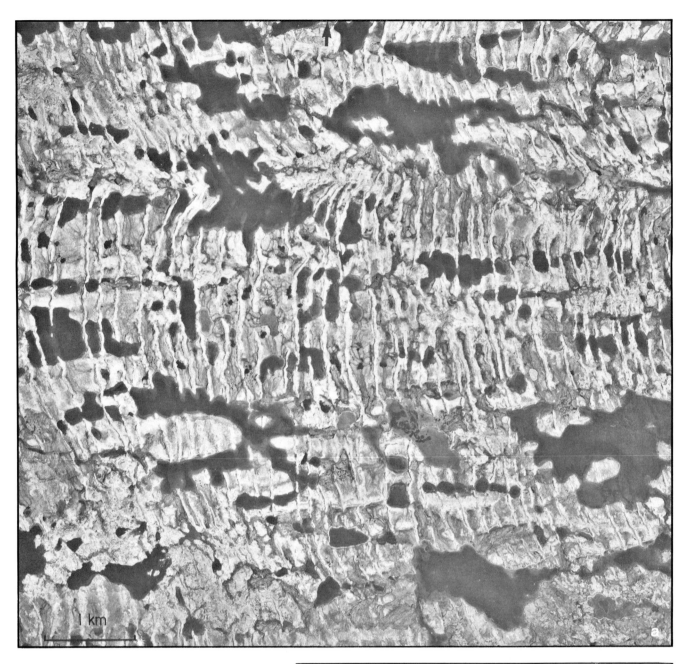

Figure 50.
a) De Geer moraines, east of Hudson Bay, Quebec (58°35'N, 76°45'W); amplitude of the ridges is 10 to 15 m. NAPL A14882–91
b) Oblique aerial view of De Geer moraines, 135 km east of James Bay and north of La Grande Rivière, Quebec. J-S. Vincent, GSC 202775–D.

Figure 50.
a) Moraines de De Geer, à l'est de la baie d'Hudson, au Québec (58°35'N, 76°45'W); les crêtes mesurent entre 10 et 15 m de hauteur. PNA A14882-91.
b) Vue aérienne oblique de moraines de De Geer, à 135 km à l'est de la baie James et au nord de La Grande Rivière, au Québec. J.-S. Vincent, CGC 202775-D.

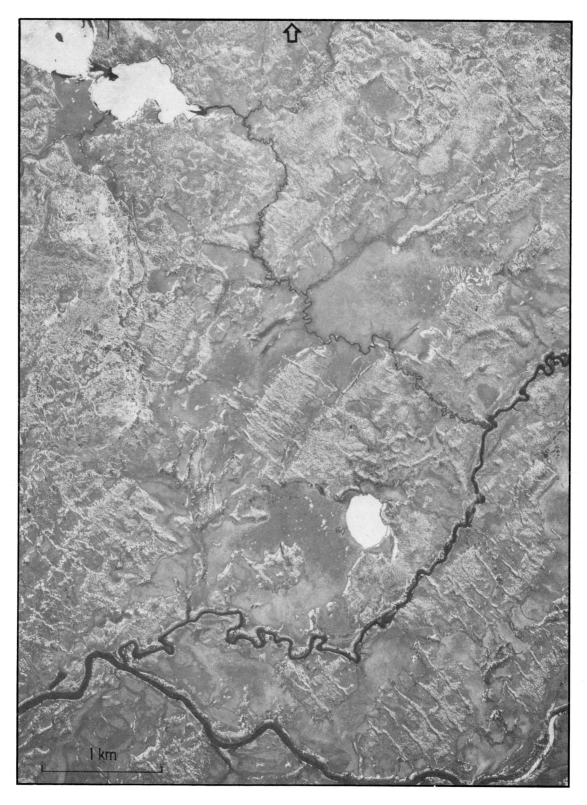

Figure 51.   De Geer moraines formed in glacial Lake Barlow-Ojibway, southwest of Lac Mistassini, Quebec (50°12'N, 74°53'W); this is the type area for what was formerly termed 'washboard moraine'. NAPL A12454-31

Figure 51.   Moraines de De Geer formées dans le lac glaciaire Barlow-Ojibway, au sud-ouest du lac Mistassini, au Québec (50°12'N, 74°53'W); il s'agit ici d'une région typique de ce que l'on appelait anciennement moraine en "planche à laver" (washboard moraine). PNA A12454-31.

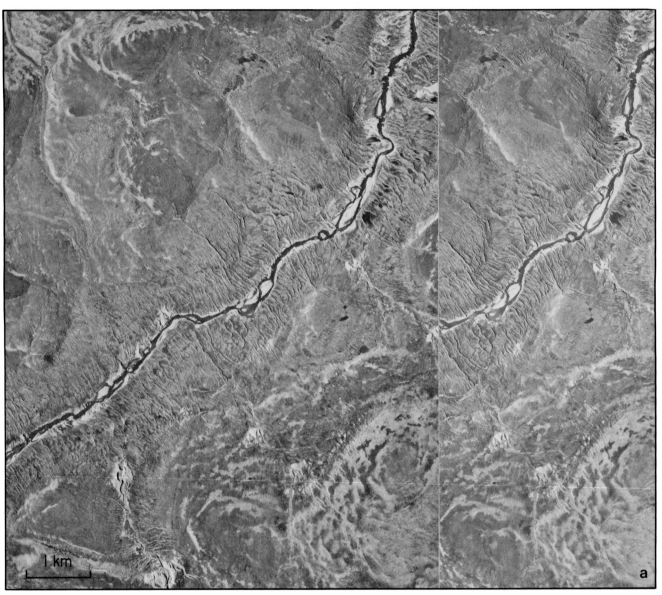

Figure 52.   Cross-valley moraines in Isortoq River valley, north of Barnes Ice Cap, Baffin Island.
a)   The multiplicity of ridges appears to relate to several 'stands' of the glacier in the valley as well as to a succession of lowering lake levels; note the deltas formed by streams entering the lake from the valleysides. Stereoscopic pair, NAPL A17044-63,64
b)   Ground view of ridges on valleyside, Isortoq River, Baffin Island; note how stony the ridges are. Courtesy of J.T. Andrews, GSC 200737-G

Figure 52.   Moraines transversale (de type "cross-valley") dans la vallée de la rivière Isortoq, au nord de la calotte glaciaire Barnes, dans l'île de Baffin.
a)   Les multiples crêtes semblent être liées à plusieurs positions du glacier dans la vallée et à des niveaux de lac successivement abaissées; à noter, les deltas que forment, en se jetant dans le lac, des torrents qui s'écoulent le long des versants de la vallée. Couple stéréoscopique, PNA A17044-63, 64.
b)   Vue au sol des crêtes sur le versant de la vallée, rivière Isortoq, île Baffin: à noter, la nature extrêmement pierreuse des crêtes. Avec la permission de J.T. Andrews, CGC 200737-G.

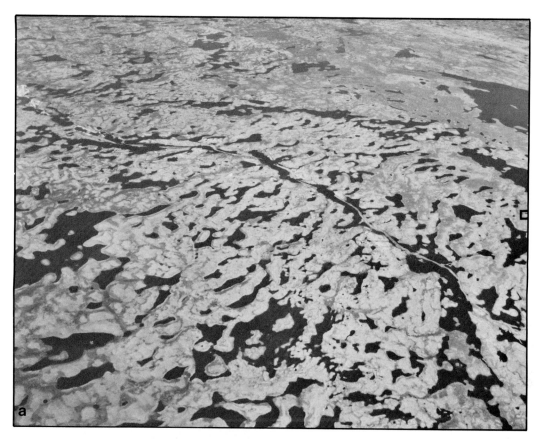

Figure 53.   Ribbed (Rogen) moraine.
a)   View to the west of ribbed moraine east of Kasba Lake (60°35'N, 101°00'W), Northwest Territories. Note the esker trending south-southwest parallel to the direction of ice flow; present drainage here is to the north. NAPL T152L-89 (b,c)   Low-level oblique views and
(d)   ground view of similar ribbed moraine (60°30'N, 96°00'W) in District of Keewatin. C.M. Cunningham, GSC 203315-A,B,C

Figure 53.   Moraine côtelée (de Rogen).
a)   Vue prise en direction de l'ouest de la moraine côtelée sise à l'est du lac Kasba (60°35'N, 101°00'W), dans les Territoires du Nord-Ouest. À noter que l'esker suit une direction sud-sud-ouest, parallèle à la direction de l'écoulement glaciaire; les eaux s'écoulent actuellement vers le nord. PNA T152L-89.
b,c)   Vues obliques prises à basse altitude et d) vue au sol d'une moraine côtelée similaire (60°30'N, 96°00'W), dans le district de Keewatin. C.M. Cunningham, CGC 203315-A, B etC.

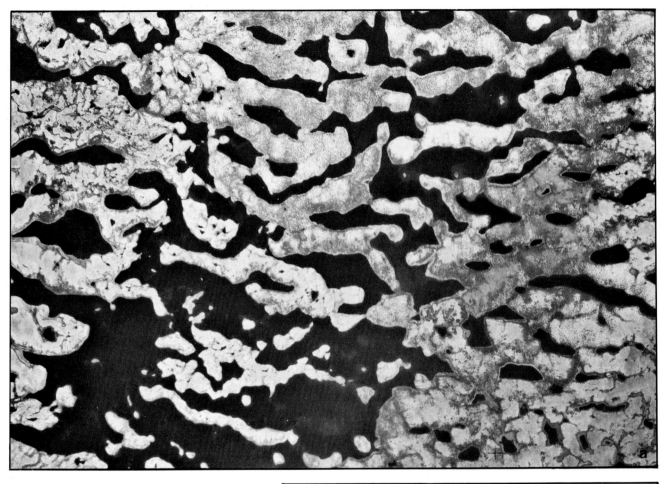

Figure 54.
a) Ribbed moraine west of Kaniapiskau River, Labrador (56°56'N, 69°17'W); ridges are 15 to 20 m high. NAPL A11441-121
(b) Low-level and (c) ground view of nearby ribbed moraine. E.P. Henderson, GSC 136145, 136139

Figure 54.
a) Moraine côtelée à l'ouest de la rivière Kaniapiskau, au Labrador (56°56'N, 69°17'W); les crêtes ont de 15 à 20 m de hauteur. PNA A11441-121.
b) Vue à basse altitude et c) vue au sol d'une moraine côtelée avoisinante. E.P. Henderson, CGC 136145, 136139.

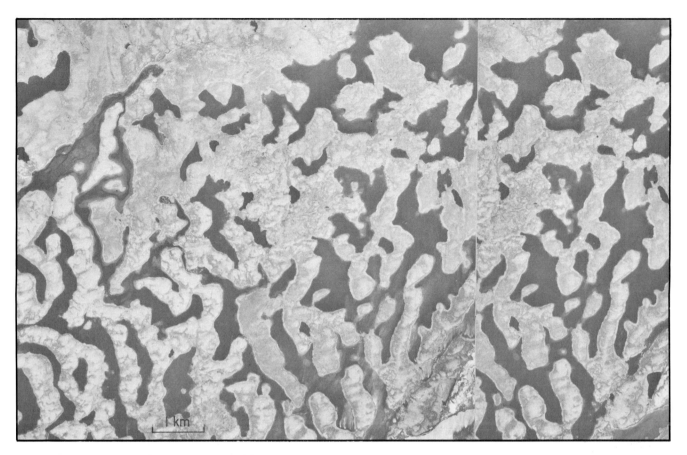

Figure 55. Ribbed moraine west of Boyd Lake, Dubawnt River (61°25'N, 103°50'W), Northwest Territories. Note here and in preceding airphotos showing ribbed moraine that faint trend lines (fluting) due to ice flow are visible across the ridges. Stereoscopic pair, NAPL A14887-108,109

Figure 55. Moraine côtelée à l'ouest du lac Boyd, rivière Dubawnt (61°25'N, 103°50'W), dans les Territoires du Nord-Ouest. À noter, ici et dans les photos aériennes de moraines côtelées qui précèdent, que de vagues lignes de direction (rainures) dues à l'écoulement glaciaire sont visibles en travers des crêtes. Couple stéréoscopique, PNA A14887-108, 109.

Figure 56. Ribbed or Rogen moraine (with short ribs) associated with glacial fluting and drumlinoid ridges. This close relationship indicates that both the transverse and parallel features formed beneath active ice; ice flowed westward, away from the observer, District of Keewatin, Northwest Territories (64°00'N, 104°31'W). NAPL T300L-31

Figure 56. Moraine côtelée ou de Rogen (courtes cannelures) associée à des rainures glaciaires et à des drumlinoïdes. Cette étroite association révèle que les formes du relief parallèles et transversales ont pris naissance sous la glace active; la glace s'écoulait vers l'ouest, dans la direction opposée au point d'observation; district de Keewatin, dans les Territoires du Nord-Ouest (64°00'N, 104°31'W). PNA T300L-31.

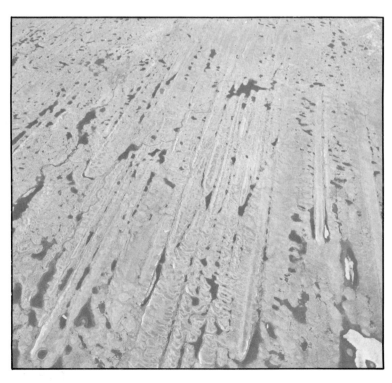

Figure 57.   Hummocky ground moraine.
a) Hummocky moraine with some doughnut-shaped mounds, 3 km northeast of Robsart (49°25′N, 109°15′W), south of Cypress Hills, southwest Saskatchewan. NAPL A17563–97
b) Ground view of hummocky moraine about 45 km south of Drumheller, Alberta (51°05′N, 112°38′W). J-S. Vincent, GSC 200737-F

Figure 57.   Moraine de fond bosselée.
a) Moraine bosselée comportant certains monti-cules en forme de beignet, à 3 km au nord-est de Robsart (49°25′N, 109°15′W), au sud des collines du Cyprès, dans le Sud-Ouest de la Saskatchewan. PNA A17563-97.
b) Vue au sol d'une moraine bosselée située à environ 45 km au sud de Drumheller, en Alberta (51°05′N, 112°38′W). J.-S. Vincent, CGC 200737-F.

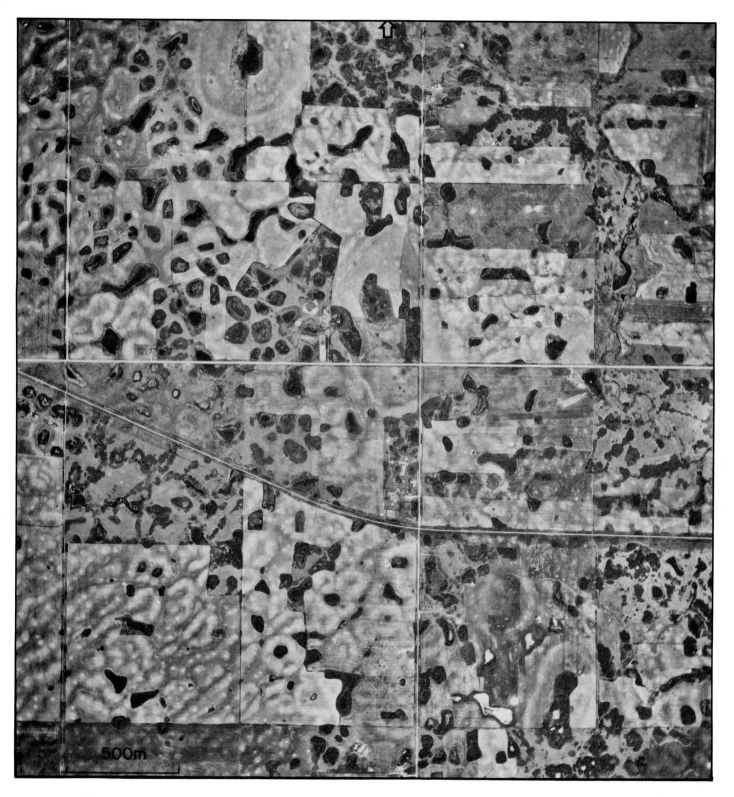

500m

Figure 58. Hummocky ground moraine with plains plateaus and large doughnut mounds; note also the associated corrugated moraine in the southwest corner; 3 km west of Manor, Saskatchewan (49°37'N, 102°09'W). NAPL A11991-171

Figure 58. Moraine de fond bosselée, avec plateaux de plaines et monticules en forme de beignet; à noter également, la moraine ondulée dans le coin sud-ouest; à 3 km à l'ouest de Manor, en Saskatchewan (49°37'N, 102°09'W). PNA A11991-171.

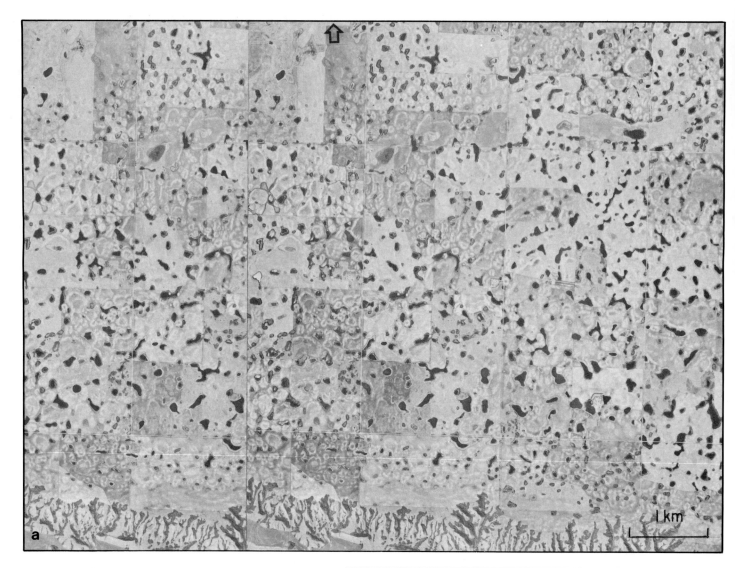

Figure 59.   Hummocky ground moraine.
a)   Hummocky moraine with innumerable doughnut mounds alongside Qu'Appelle valley, 55 km northeast of Regina, Saskatchewan (50°50'N, 104°05'W). Stereoscopic pair. NAPL A15975-141,142
b)   Hummocky moraine, 50 km west of Elbow, south-central Saskatchewan; local relief 3 to 5 m. J.S. Scott, GSC 129940

Figure 59.   Moraine de fond bosselée.
a)   Moraine bosselée comptant d'innombrables monticules en forme de beignet le long de la vallée Qu'Appelle, à 55 km au nord-est de Regina, en Saskatchewan (50°50'N, 104°05'W). Couple stéréoscopique, PNA A15975-141, 142.
b)   Moraine bosselée, à 50 km à l'ouest d'Elbow, dans le Centre-Sud de la Saskatchewan; le relief local varie entre 3 et 5 m. J.S. Scott, CGC 129940.

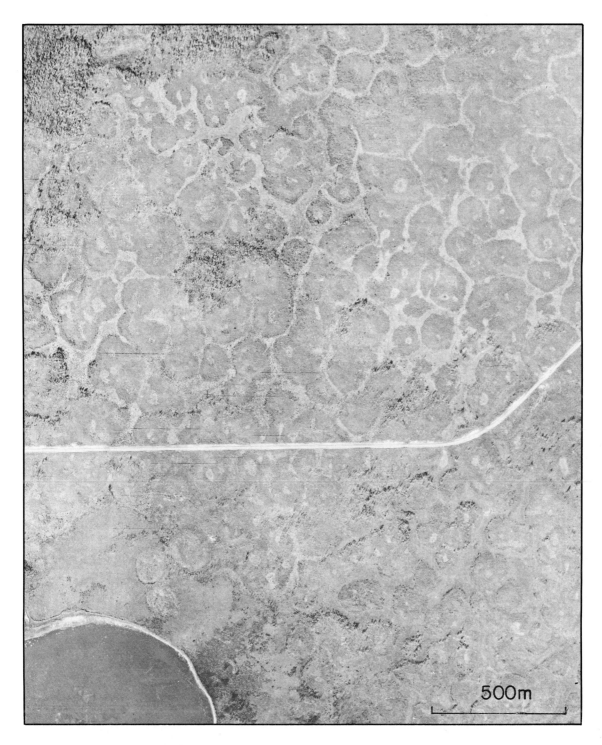

500m

Figure 60.   Prairie mounds associated with a polygonal fracture system; mounds (dark-toned areas) average 3 m in height with central depressions of 1 m. Central depressions commonly display small domes of organic material termed palsa mounds, which may collapse upon the thawing of ice lenses and leave a depression or pond; north of Valleyview, Alberta (55°10'N, 117°15'W). NAPL A10373-12

Figure 60.   Monticules de prairies associés à un réseau de fractures polygonales; les monticules (zones plus foncées) ont en moyenne 3 m de hauteur et comportent des dépressions centrales de 1 m. Ces dépressions affichent couramment de petits dômes de matière organique, appelés "palses", qui peuvent s'affaisser lors du dégel des lentilles de glace et laisser derrière eux une dépression ou un étang; au nord de Valleyview, en Alberta (55°10'N, 117°15'W). PNA A10373-12.

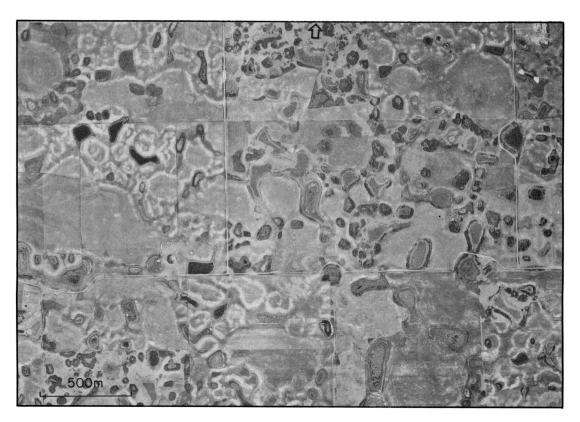

Figure 61. Hummocky ground moraine displaying a variety of sizes of mounds from small doughnuts to plains plateaus; near Glenavon, Saskatchewan (50°13'N, 103°10'W). NAPL A12072-238

Figure 61. Moraine de fond bosselée caractérisée par des monticules de tailles variées, allant du petit beignet au plateau de plaines; près de Glenavon, en Saskatchewan (50°13'N, 103°10'W). PNA A12072-238.

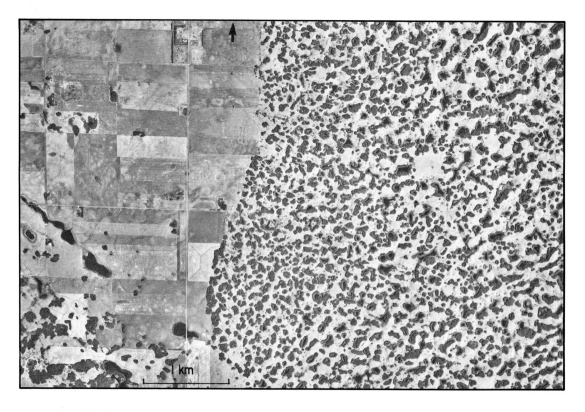

Figure 62. Hummocky disintegration moraine on an upland area, southeast of Manito Lake, west-central Saskatchewan. Note the contrast between the farmed and non-cultivated parts of the moraine. NAPL A15620-13.

Figure 62. Moraine de désagrégation bosselée sur une région de hautes terres, au sud-est du lac Manito, dans le Centre-Ouest de la Saskatchewan. À noter, le contraste entre les parties cultivées et les autres parties de la moraine. PNA A15620-13.

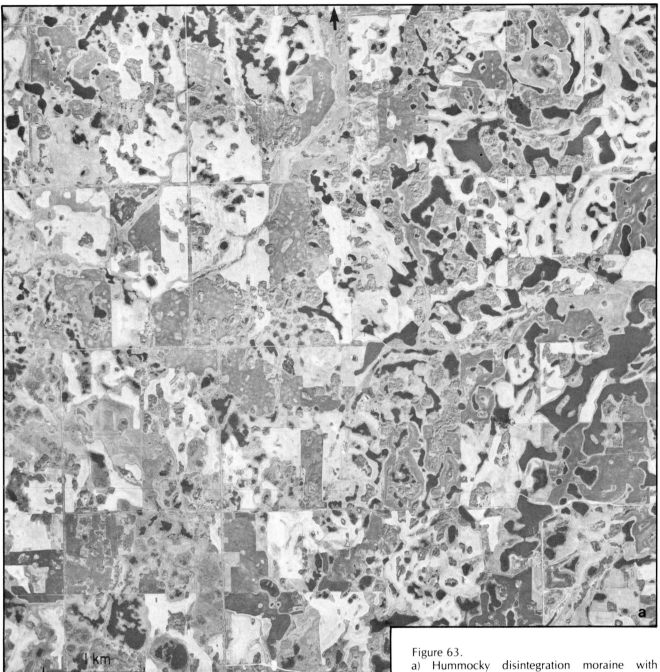

Figure 63.
a) Hummocky disintegration moraine with numerous lakes; the numerous lakes and ponds hamper farmland development; southwest of Rossburn, Manitoba (50°35'N, 100°55'W). NAPL A15530-129
b) Ground view of nearby hummocky moraine (50°51'N, 100°48'W); local relief up to 18 m. R.W. Klassen, GSC 203358-A

Figure 63.
a) Moraine de désagrégation bosselée comptant de nombreux lacs. Le grand nombre de lacs et d'étangs empêche l'aménagement agricole; au sud-ouest de Rossburn, au Manitoba (50°35'N, 100°55'W). PNA A15530-129.
b) Vue au sol d'une moraine bosselée avoisinante (50°51'N, 100°48'W); le relief local atteint par endroits 18 m. R.W. Klassen, CGC 203358-A.

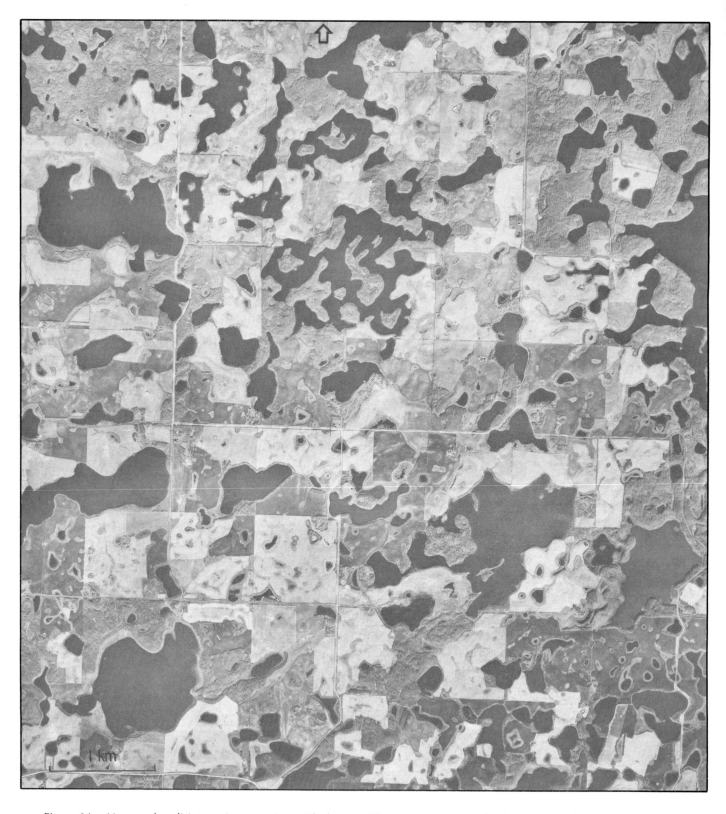

Figure 64. Hummocky disintegration moraine with large lakes; northeast of Menzie, Riding Mountains, Manitoba (50°35′N, 100°25′W). NAPL A15530-142

Figure 64. Moraine de désagrégation bosselée couverte de grands lacs, au nord-est de Menzie, mont Riding, au Manitoba (50°35′N, 100°25′W). PNA A15530-142.

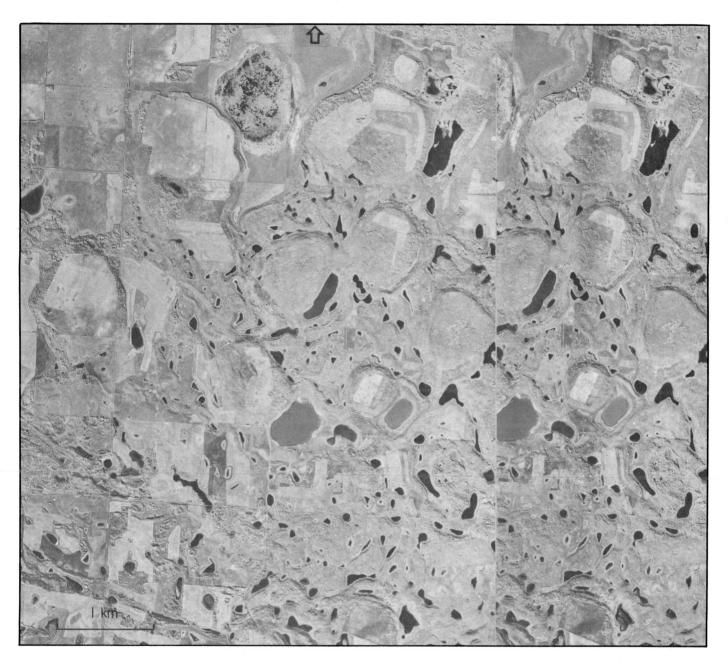

Figure 65.   Moraine plateaus in area of hummocky moraine; local relief in excess of 30 m; east of Witchekan Lake, 105 km west-northwest of Prince Albert, Saskatchewan. NAPL A15882-138,139

Figure 65.   Plateaux morainiques dans une zone de moraine bosselée; le relief dépasse 30 m par endroits; à l'est du lac Witchekan, 105 km à l'ouest-nord-ouest de Prince-Albert, en Saskatchewan. PNA A15882-138, 139.

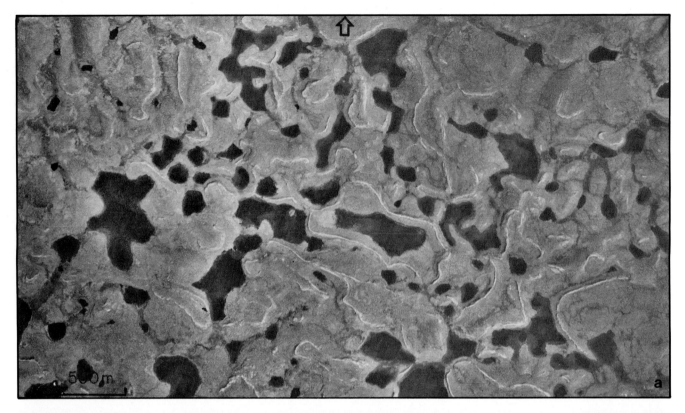

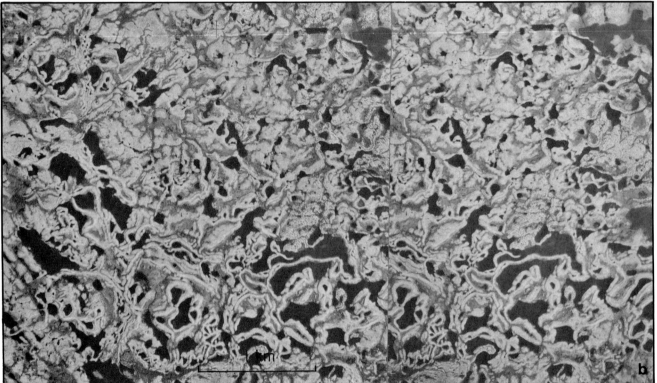

Figure 66.   Slide moraines or ice-block ridges.
a)   North of Artillery Lake, Northwest Territories (63°35′N, 107°50′W). NAPL A10393-50
b)   North-northeast of Michikamau Lake, Labrador, New-foundland (54°43′N, 63°25′W). Stereoscopic pair. NAPL A12059-58, 59

Figure 66.   Moraines de glissement ou "ice block ridges" (crêtes délimitant l'emplacement d'anciens culots de glace).
a)   Au nord du lac Artillery, dans les Territoires du Nord-Ouest (63°35′N, 107°50′W). PNA A10393-50.
b)   Au nord-nord-est du lac Michikamau, au Labrador, à Terre-Neuve (54°43′N, 63°25′W). Couple stéréoscopique, PNA A12059-58, 59.

Meltwater Features

(includes some ice-pressed and postglacial landforms)

Canada's glacial landforms are not solely the direct product of glacier ice but also result from glacial streams derived from the melting of ice. In the marginal zones of ice sheets, ice caps, and valley glaciers, especially during glacier recession, great quantities of meltwater are released. The meltwater washes and sorts any supraglacial, englacial, and subglacial debris it encounters. This variably sorted material may be deposited in direct contact with mainly nonsorted debris as a part of various morainal deposits such as discussed above. But meltwater may also form discrete deposits and features that merit attention in their own right. These glaciofluvial forms may be either constructional or erosional in origin. Some may grade imperceptibly into stream features that are not strictly speaking related to glaciation; some of these are included here in view of the overall importance of the initial glaciofluvial event. Similarly a few landforms that closely resemble meltwater features but are composed of till that was squeezed into crevasses or stream channels are included herein for convenience. Rainfall mixed with meltwater may penetrate glacier ice through crevasses and holes (moulins) and thus encounter the lower, debris-laden basal ice. The water then flows outward, generally parallel to the trend of ice flow, as a subglacial stream that finally escapes at the ice margin. The water in tunnels beneath the glacier is generally under great hydrostatic pressure and has great carrying capacity. Because of the turbulence of the water, size-sorting is good and the 'fines' are separated from the coarse material. The latter, which may include large boulders, is generally deposited in the channel bottoms; it may, however, be carried great distances in the ice-confined channels and become well rounded. When, as the ice recedes, the confining ice finally melts, considerable slumping of the sides of the former subglacial channel deposits takes place. The sediments are left commonly as eskers – long undulating, sinuous ridges of well stratified sand, gravel, and boulders

Formes du relief dues aux eaux de fonte

(comprend certaines formes de relief d'origine glaciaire et postglaciaire)

Au Canada, les formes de relief glaciaires ne sont pas uniquement le produit direct des glaciers mais proviennent également de torrents glaciaires qui résultent de la fusion de la glace. D'énormes quantités d'eau de fonte sont libérées dans les zones marginales d'inlandsis, de calottes glaciaires et de glaciers de vallée, notamment lors du retrait des glaciers. Les eaux de fonte lavent et trient tous les débris supraglaciaires, intraglaciaires et sous-glaciaires qu'elles rencontrent. Ces matériaux, à granulométrie variée, peuvent être déposés directement sur des débris principalement non triés où ils s'assimilent à certains des dépôts morainiques mentionnés ailleurs. Les eaux de fonte peuvent également contribuer à la formation d'accumulations et de formes de relief solitaires dignes d'attention. Ces formes fluvio-glaciaires doivent leur origine aux processus d'accumulation ou d'érosion. Quelques-unes peuvent se transformer progressivement et imperceptiblement en formes fluviatiles qui ne sont pas à proprement parler liées à la glaciation; quelques-unes seront décrites pour montrer l'importance globale de l'événement fluvio-glaciaire initial. On a également décrit certaines formes du relief très semblables à celles produites par les eaux de fonte mais qui se composent de till injecté par compression dans les crevasses ou les chenaux fluviatiles. La pluie mélangée à l'eau de fonte peut pénétrer la glace du glacier à travers des crevasses et des trous (moulins) pour se rendre jusqu'à la glace de fond chargée de débris. L'eau s'écoule alors vers l'extérieur, en général parallèlement à la direction d'écoulement de la glace, sous forme de torrents sous-glaciaires qui s'échappent finalement à la marge du glacier. L'eau des tunnels sous-glaciaires est généralement sous une énorme pression hydrostatique et possède une très grande capacité de transport. Étant donné la turbulence de l'eau, le triage est bon et les grains fins sont aisément séparés des matériaux grossiers. Ces derniers, qui comprennent parfois de grands blocs, sont généralement déposés au fond des chenaux; toutefois, ils peuvent être transportés sur de grandes distances dans les chenaux glaciaires et devenir très émoussés. Lorsque la glace encaissante fond à mesure que le glacier recule, il y a glissement des versants des anciens dépôts de chenal sous-glaciaire. Les sédiments forment habituellement des eskers, longues crêtes sinueuses et ondulées, constituées de sable, de gravier et de blocs bien stratifiés (fig. 67). En général, ces eskers dominent de 10 à 45 m ou plus le terrain adjacent.

(Fig. 67). They commonly rise some 10 to 45 m or more above the adjacent terrain.

Eskers provide some of the best sources of sand and gravel in settled areas, add scenic interest to some resort areas, serve as travel routes for man and animals in some northern regions, and also serve as navigational aids for low-flying aircraft in the far North. The quality of the gravel deposits depends on the kind of rock in the local region. Some simple, sinuous ridges may extend for tens of kilometres without any break; other esker ridges are discontinuous — separated by gaps with little or no gravel or by extensive areas of well washed bedrock between the esker segments. Knots or bulges may occur at short intervals along the length of an esker; the thickenings, knots, and multi-ridged parts of an otherwise single-crested esker mark places where crevasses in the ice brought in additional material or allowed the subglacial river to widen rapidly and thus drop part of its bottom load. Some enlargments mark places where a subglacial channel or an open ice-walled channel entered a short-lived, ice-marginal pond and deposited larger amounts of debris than elsewhere along the esker. In northern Canada, where eskers are readily apparent on air photos, discontinuous but aligned esker ridges, may be traced for hundreds of kilometres; these esker systems represent a succession of subglacial or open ice-walled channels that formed more or less at right angles to the margin of the ice sheet during its recession.

As eskers are the product of subglacial drainage, two or more eskers may join (downstream) to form a single esker. They may also diverge downstream, as when the glacial stream encountered a rock or drift obstruction or a block of more massive ice, but these streams will rejoin within a short distance; repetitive branching will result in a complex of interconnected ridges that may be termed an esker complex (Fig. 69). These are especially common in the Cordillera, presumably because of the general mountainous terrain and topographic confinement during glacier retreat. Debris-laden glacial meltwater was restricted as regards escape routes and much stagnant ice was buried by rapidly shifting subglacial streams; melting of the buried ice resulted in a braided system that is deeply kettled or potholed. Travel across such esker systems is arduous; local relief of about 50 m is common and overall relief may be up to 150 m.

Les eskers sont parmi les meilleures sources de sable et de gravier dans les régions habitées; ils apportent un intérêt panoramique à certains lieux de séjour, servent de route pour les hommes et les animaux dans certaines régions septentrionales et servent également de repères pour la navigation à faible altitude d'aéronefs dans l'Extrême-Nord. La qualité du gravier dépend de la catégorie de roche dans la région locale. Certaines crêtes simples et sinueuses peuvent couvrir des dizaines de kilomètres sans interruption; d'autres eskers sont discontinus et sont séparés par des trouées dénudées, ou presque, de gravier, ou par de vastes étendues de socle rocheux bien délavé. Des noeuds ou des bombements peuvent se produire à courts intervalles le long d'un esker; les épaississements, les noeuds et les zones à crêtes multiples d'un esker autrement à crête unique marquent des endroits où les crevasses dans la glace avaient attiré un surplus de matériel ou permis au torrent sous-glaciaire de s'élargir rapidement et ainsi de déposer une partie de sa charge de fond. Certains élargissements marquent l'endroit où un torrent sous-glaciaire ou un chenal ouvert à parois de glace s'était déversé dans un étang éphémère en marge de la glace et avait déposé une plus grande quantité de débris qu'ailleurs le long de l'esker. Dans le Nord du Canada, où les eskers se distinguent clairement sur les photos aériennes, il est possible de suivre des crêtes d'eskers discontinues mais alignées sur des centaines de kilomètres; ces systèmes d'eskers représentent une succession de chenaux sous-glaciaires ou de chenaux ouverts à parois de glace qui s'étaient formés plus ou moins perpendiculairement à la marge de l'inlandsis durant son recul.

Puisque les eskers résultent du drainage sous-glaciaire, deux eskers ou plus peuvent se réunir (en aval) pour former un seul esker. Ils peuvent également diverger en aval, par exemple lorsque le torrent glaciaire aurait rencontré une roche, un amas de matériaux glaciaires ou un bloc de glace plus massif; toutefois, ces torrents se réunissent un peu plus loin. La bifurcation répétée produit un complexe de crêtes reliées appelée complexe d'eskers (fig. 69). Ces formes abondent dans la Cordillère, probablement à cause du terrain généralement montagneux et des contraintes exercées par la topographie lors du retrait du glacier. Les eaux de fonte chargées de débris avaient très peu de débouchés et d'énormes quantités de glace stagnante ont été enfouies par des torrents sous-glaciaires qui se déplaçaient rapidement; la fonte de la glace enfouie a produit un réseau anastomosé d'eskers à dépressions fermées profondes et de taille variable. Le déplacement le long de ces réseaux d'eskers est très ardu. Le relief local a environ 50 m de hauteur tandis que le relief global maximal peut atteindre 150 m.

In the Appalachian region esker systems are not as prolific as in most parts of the Canadian Shield though they are widespread and do provide excellent sources of sand and gravel in many places. They are generally only a few kilometres long and seldom more than 15 km. In the Innuitian region (Queen Elizabeth Islands) eskers are uncommon and are not obvious on airphotos; this may be in part due to mass wastage (solifluction processes), but it may also reflect the importance of sublimation rather than solely melting of the ice during deglaciation of these northern islands.

But not all meltwater streams, in either mountainous or interior regions, had the necessary continuity of course to result in an esker or an esker complex. There was commonly more debris than could be sorted and transported by the meltwater; hence, channels were rapidly filled or plugged, and entirely new escape routes were established. Where meltwater carried debris into a hole (moulin) in the ice surface and filled or partly filled it with poorly sorted materials, this would, on subsequent abandonment of the moulin and later melting of the ice, remain as a conical mound known as a moulin kame (Fig. 72a). These are generally 10 to 30 m high. More commonly, however, the abundance of debris and complexity of glacial streams resulted in irregularly shaped hills and groups of hills which are referred to as kames (Fig. 72b). These poorly stratified sand and gravel hills were formed in ice-marginal positions by meltwater streams. Where many such kames clearly outline the position of a former major ice lobe, the term kame moraine may be used. A kame moraine may have local relief of 25 to 35 m and be pitted by a myriad of kettle lakes.

Another ice-contact glacial feature involving deposition by meltwater streams is the kame terrace. These are well stratified deposits of sandy to gravelly materials on the sides of valleys and normally greatly elevated above the present river systems. They were formed when receding glacier ice occupied the valley and meltwater streams coursed alongside the valley walls, held in by ice in the valley. These terraces generally pass downvalley into outwash or valley train (see below) which was deposited beyond the front of the receding glacier lobe. The terraces generally grade upstream into kames. Kame terraces are well preserved in Saint John River valley of New Brunswick where they provide flat, arable land along the otherwise steeply

La région appalachienne compte moins de réseaux d'eskers que les autres régions du Bouclier canadien, bien qu'ils soient assez répandus et qu'ils se révèlent souvent d'excellentes sources de sable et de gravier. En général, ils n'ont que quelques kilomètres de long et atteignent rarement plus de 15 km. Les eskers sont rares dans la région Innuitienne (îles Reine-Élisabeth) et ne ressortent pas sur les photos aériennes; cette situation pourrait être due en partie aux mouvements de masse (processus de solifluxion), mais peut également traduire l'importance de la sublimation plutôt que simplement de la fonte de la glace lors de la déglaciation de ces îles septentrionales.

Toutefois, les torrents d'eau de fonte dans les régions montagneuses ou intérieures n'ont pas tous produit un esker ou un complexe d'eskers. Les eaux de fonte contenaient souvent plus de débris qu'elles ne pouvaient trier ou transporter; les chenaux étaient donc rapidement remplis ou bouchés et les torrents devaient se tracer de nouveaux débouchés. Là où les eaux de fonte ont transporté des débris dans un trou (moulin) dans la surface de la glace et l'ont rempli entièrement ou partiellement de matériaux mal triés, il y a eu formation d'un monticule conique appelé kame de moulin (fig. 72a), suivant l'abandon du moulin et la fonte ultérieure de la glace. Ces formes ont généralement de 10 à 30 m de hauteur. Toutefois, l'abondance de débris et la complexité des torrents glaciaires produisaient plus souvent des collines ou des groupes de collines à formes irrégulières appelés kames (fig. 72b). Ces monticules de sable et de gravier mal stratifiés ont été formés contre les parois des glaciers par les torrents d'eau de fonte. On emploie l'expression moraine de kame lorsque plusieurs kames délimitent clairement la position d'un ancien lobe glaciaire important. Une moraine de kame peut atteindre une hauteur de 25 à 35 m et être criblée d'une myriade de lacs de kettle.

Les terrasses de kame sont d'autres formes de contact glaciaire déposées par les torrents d'eau de fonte. Il s'agit d'accumulations bien stratifiées de matériaux sableux à graveleux, déposés sur les versants de vallée et se manifestant normalement bien au-dessus des réseaux fluviaux actuels. Elles ont été formées lorsque le glacier en retrait occupait la vallée et les torrents d'eau de fonte coulaient le long des parois, retenus par la glace dans la vallée. En règle générale, ces terrasses se transforment en aval en épandage ou en traînée fluvio-glaciaire (voir plus loin) déposés au-delà du front du lobe glaciaire en retrait. Elles se transforment généralement en kames en amont. Les terrasses de kame sont bien conservées dans la vallée de la rivière Saint-Jean au Nouveau-Brunswick, où elles fournissent des terres arables planes dans des vallées à versants abrupts. (Certaines de ces terrasses sont maintenant inondées à la suite de la construction de plusieurs barrages pour le stockage de l'eau et la production

sloping valleysides. (Some of these terraces are now drowned due to the construction of several dams for water storage and power purposes.) Kame terraces are also common along many rivers flowing from the Canadian Shield into St. Lawrence River valley, and in many other parts of Canada.

Where subglacial or ice-marginal streams debouched on land sloping away from the former ice front their sediment loads were partly deposited near the ice front and partly carried farther away by an ever-shifting system of surface streams. Such deposits are known as glacial outwash or, where confined to a valley, as valley train. Some outwash deposits of the last glaciation still retain their telltale river-scoured surfaces. When viewed in section, as in roadcuts or borrow pits, outwash deposits are characterized by cut-and-fill structures, that is, the beds deposited earlier have obvious channels cut into them which are filled with younger, coarser or finer sediments that rest disconformably on the older beds. The deposit is thus a complex of irregularly channelled, crossbedded sediments indicative of a heavy steam load. Statistically the crossbeds will have a preferred dip downstream but will have a wide range in trend because of the irregular and shifting course of the overloaded glacial streams. Where blocks of ice have been buried by the outwash they will, on melting, result in a pitted surface and the deposit may be termed pitted outwash (Fig. 73).

Where the land surface being uncovered by the receding ice sheet sloped towards the ice rather than away from it, meltwater was ponded along the ice front to form glacial lakes. Under these circumstances the sediment loads from the subglacial streams were rapidly ejected into the lakes below their surfaces. Such deposits have been termed subaqueous outwash (or subwash). Such subaqueous systems may be deeply pitted or ridged or relatively smooth-topped. Internally subaqueous outwash systems display more uniform bedding than does outwash, with long foreset beds and oft-preserved topset, bottomset, and backset beds.

Subaqueous outwash deposits are irregularly lobate in outline. A number of discrete bodies may denote a single ice-frontal position or a limited number of aligned lobes may mark successive positions of the receding ice. Subaqueous outwash lobes also occur along the sides of eskers where meltwater escaped between the slightly older main

d'énergie électrique). Les terrasses de kame sont également assez répandues le long d'un grand nombre de rivières s'écoulant du Bouclier canadien jusqu'à la vallée du fleuve Saint-Laurent et dans un grand nombre d'autres régions du Canada.

Lorsque les torrents sous-glaciaires ou les torrents s'écoulant le long des parois des glaciers débouchaient sur des terres inclinées vers l'aval de l'ancien front glaciaire, leur charge de sédiments était en partie déposée près du front glaciaire et en partie transportée plus loin par un réseau fluvial superficiel changeant. Ces accumulations sont appelées épandages fluvio-glaciaires ou, si elles sont restreintes à une vallée, traînée fluvio-glaciaire. Certains sédiments d'épandage de la dernière glaciation ont conservé leur surface affouillée par la rivière. L'examen du profil que présente les sédiments d'épandage dans les tranchées ou les ballastières, révèle qu'ils sont caractérisés par des structures dues au processus de déblai et de remblai; en d'autres mots, les couches accumulées antérieurement ont été entaillées par des chenaux qui ont par la suite été remplis par des sédiments grossiers ou fins plus récents, déposés en discordance sur les couches plus anciennes. Le dépôt est donc un mélange de sédiments à stratification entrecroisée et à ravinement irrégulier indicatif d'une importante charge fluviatile. Statistiquement parlant, les couches entrecroisées accusent une inclinaison préférentielle en aval mais peuvent varier considérablement de direction en raison du cours irrégulier et changeant des torrents glaciaires surchargés. Là où les blocs de glace ont été enterrés par l'épandage, ils donneront, une fois fondus, une surface criblée de dépressions appelée épandage piqué (fig. 73).

Dans les régions où la surface terrestre mise à nu par l'inlandsis en retrait s'inclinait vers la glace plutôt qu'en sens contraire, il y a eu formation de lacs glaciaires par barrage naturel le long du front glaciaire. La charge sédimentaire des torrents sous-glaciaires se trouvait alors rapidement déversée sous la surface de ces lacs. Ces accumulations, auxquelles on donne le nom d'épandages subaquatiques, peuvent être criblées de dépressions, sillonées de crêtes ou présenter une surface relativement plane. L'intérieur de ces épandages présente une stratification plus uniforme que les épandages fluvio-glaciaires ordinaires, avec de grandes couches frontales et des couches sommitales, basales et arrières souvent bien conservées.

Les accumulations d'épandages subaquatiques présentent une forme lobée irrégulière. La présence d'un certain nombre de corps isolés peut indiquer une seule position frontale tandis que la présence d'un nombre limité de lobes alignés peut marquer les positions successives de la glace en retrait. Des lobes d'épandages subaquatiques se manifestent également le long de versants d'eskers, là où les eaux de fonte se sont échappées entre la crête principale légèrement plus ancienne et la

ridge and the still confining ice 'standing' in the glacial lake. Successions of such lobes actually comprise or contribute to the knots or widenings found along many eskers and are an integral part of some complex eskers as in parts of northwestern Ontario where in some places the ice front stood in more than 100 m of water.

Where meltwater streams debouched into ice-marginal or proglacial shallow waters, the stream loads were rapidly dumped to form near-ice deltas known as kame deltas. These are internally characterized by deltaic structures such as long, sloping, foreset beds. The uppermost part of the surface of these deltas denotes the water level of the pond or lake into which the streams flowed. The delta deposits may pass up-ice into true outwash.

As the marginal zone of an ice sheet is generally crevassed, meltwater may follow a complex crevasse system. On melting of the ice, a series of sand and gravel ridges resembling eskers is preserved. These are formed from a combination of transport along the system and slumping of debris from the ice. Where these are oblique or even transverse to the known direction of ice flow and form a distinctive criss-cross pattern they are referred to as

crevasse fillings (as are those resulting from the squeezing of debris into crevasses as mentioned above) otherwise, the term esker is generally retained for ridges parallel to the ice-flow direction even though a subglacial tunnel may have ended in an open ice-walled crevasse near the terminus of a glacier, for the resulting ridges are otherwise virtually indistinguishable.

Elongate, sinuous ridges, generally parallel to the direction of ice flow, in some parts of the Prairies resemble eskers but are known to be composed of clayey till similar to that of the adjacent ground moraine rather than of stratified sand and gravel. It is believed that the till was squeezed into a subglacial tunnel in the ice. Such ridges have been termed till eskers. Till may also be squeezed into fracture systems or crevasses in the marginal zone of a receding ice sheet and form a criss-cross, irregular pattern of straight ridges that is more or less oblique to the direction of ice flow; some ridges, however, are transverse and some parallel to this direction. Such crevasse fillings have also been termed linear disintegration ridges (Fig. 71); these may be intimately associated with hummocky ground moraine and doughnut features on the Prairies.

---

glace encaissante se dressant dans le lac glaciaire. Des successions de lobes forment des noeuds ou des épaississements le long de nombreux eskers ou contribuent à leur formation; ils font partie intégrante de certains complexes d'esker, notamment dans le Nord-Ouest de l'Ontario, où le front de glace reposait, à certains endroits, sous plus de 100 m d'eau.

Lorsque les torrents d'eau de fonte se jetaient dans des eaux proglaciaires peu profondes, leur charge était rapidement déposée pour former, à proximité de la glace, des deltas appelés deltas de kame. Vus en coupe, des structures deltaïques comme de grandes couches frontales inclinées les caractérisent. La partie supérieure de la surface de ces deltas indique le niveau d'eau de l'étang ou du lac dans lequel s'écoulaient les torrents. Ces accumulations peuvent se transformer en amont en de véritables épandages fluvio-glaciaires.

Puisque la zone marginale d'un inlandsis est généralement crevassée, les eaux de fonte peuvent suivre un réseau complexe de crevasses. Au moment de la fusion de la glace, il y a conservation d'une série de crêtes sableuses et graveleuses semblables aux eskers. Ces crêtes résultent de l'action combinée du transport le long du réseau et du glissement de débris de la surface de la glace. Là où ces crêtes occupent une position oblique ou transversale par rapport à la direction connue du mouvement de la glace et forment un motif entrecroisé distinctif,

elles sont appelées remplissages de crevasses (le même terme s'applique aux formes, déjà décrites, produites par la compression de débris dans les crevasses); autrement, on conserve généralement le terme esker pour décrire les crêtes parallèles à la direction d'écoulement de la glace, même si un tunnel sous-glaciaire se termine par une crevasse ouverte à parois de glace près du front d'un glacier, puisqu'il est presque impossible de distinguer les crêtes ainsi produites.

Dans certaines parties des Prairies, on trouve des crêtes allongées et sinueuses, habituellement parallèles à la direction du mouvement de la glace, semblables aux eskers, mais composées de till argileux s'apparentant à celui de la moraine de fond adjacente plutôt que de sable et de gravier stratifiés. Ce till aurait rempli un tunnel sous-glaciaire et les crêtes résultantes portent le nom d'eskers de till. Le till peut également remplir des réseaux de fracture ou des crevasses dans la zone marginale d'un inlandsis en voie de retrait et former un motif entrecroisé et irrégulier de crêtes rectilignes plus au moins obliques par rapport à la direction d'écoulement; toutefois, certaines crêtes sont transversales et d'autres sont parallèles à cette direction. Ces remplissages de crevasses portent également le nom de crêtes linéaires de désagrégation (fig. 71); ils peuvent être étroitement liés aux moraines de fond bosselées et aux monticules en forme de beignet caractéristiques des Prairies.

Glacial streams per se, however, do not always deposit sediments; in some places meltwater streams may be relatively free of debris or be too torrential to permit deposition. In either case they may erode distinct channels, or series of channels, in either drift or bedrock. Such meltwater channels (Fig. 74, 75) may serve to outline the margins of former ice lobes during glacier recession. Segments of channels, as much as 15 m deep, cut in hard Precambrian rocks and clearly unrelated to any present-day stream action are present in District of Keewatin and in northern Quebec. Local oddities formed by meltwater are cylindrical potholes carved into outcrops where no present-day stream action can be invoked; probably these were formed subglacially where meltwaters swirled down a small moulin (Fig. 76).

Perhaps of more interest are the large dry meltwater valleys or coulees of parts of the Western Plains. At the maximum ice extent of one or more glaciations, most of southern Alberta was occupied by an ice sheet that blocked the natural drainage towards the northeast. Consequently, as the ice began to recede northwards, the meltwater was locally ponded along the ice margin and drainage was generally to the southeast. Where the ice-marginal lakes spilled across local drainage divides, channels were cut into the pre-existing drift. When glacier recession uncovered lower outlet routes, the higher or early escape routes were abandoned. These are now the dry valleys, which appear so incongruous on the currently semi-arid Prairie (Fig. 77-79).

The more noteworthy coulees, however, occur along the Foothills northwest of Lethbridge, Alberta (Fig. 77), where ice-marginal streams were confined on the east by the Keewatin sector of the Laurentide Ice Sheet; the meltwater was forced to leave the ice margin and follow bedrock-confined routes for many kilometres. The torrential meltwater streams, laden with debris, eroded deep channels in the bedrock prior to shifting to lower escape routes as the Keewatin ice retreated downslope to the north or northeast. (Note that the term coulee is used here only for dry or predominantly dry valleys cut by former glacial streams, and not for the small, side channels, ravines, or gullies which are also commonly referred to as coulees in parts of Western Canada.)

Les torrents glaciaires ne déposent pas toujours de sédiments; dans certains endroits, les torrents d'eau de fonte peuvent être relativement libres de débris ou trop rapides pour permettre le dépôt de ces sédiments. Dans ces deux cas, ils peuvent tracer des chenaux distincts ou des séries de chenaux dans les matériaux de transport glaciaires ou le socle rocheux. Ces chenaux d'eau de fonte (fig. 74-75) permettent parfois de délimiter les marges d'anciens lobes glaciaires durant le retrait des glaciers. Dans le district de Keewatin et dans le Nord du Québec on retrouve des tronçons de chenaux, pouvant atteindre 15 m de profondeur, découpés dans des roches précambriennes dures et n'ayant aucun rapport avec l'action du réseau hydrographique actuel. On retrouve des éléments inattendus formés par les eaux de fonte, notamment des marmites cylindriques sculptées dans des affleurements sans que l'on puisse attribuer leur formation à l'action d'un ruisseau actuel; elles ont probablement été formées sous la glace lorsque les eaux de fonte descendaient en tourbillonnant dans un petit moulin (fig. 76).

Les grandes vallées sèches creusées par les eaux de fonte appelées coulées, sises dans certaines parties des plaines de l'Ouest, présentent peut-être plus d'intérêt. Lors de l'extension glaciaire maximale associée à une ou plusieurs glaciations, une grande partie du Sud de l'Alberta était recouverte par un inlandsis qui bloquait le drainage naturel vers le nord-est. Par conséquent, à mesure que la glace reculait vers le nord, les eaux de fonte étaient retenues par un barrage naturel le long de la marge du glacier et le drainage s'effectuait généralement vers le sud-est. Des chenaux se sont tracés dans les matériaux de transport glaciaires déjà en place là où les eaux des lacs proglaciaires débordaient les lignes locales de partage des eaux. Lorsque le recul des glaciers a libéré les exutoires inférieurs, les débouchés plus élevés ou plus anciens ont été abandonnés. Ils forment maintenant les vallées sèches qui détonnent tellement dans le milieu actuellement semi-aride des Prairies (fig. 77-79).

Toutefois, les coulées les plus remarquables se trouvent dans les Foothills, au nord-ouest de Lethbridge, en Alberta (fig. 77), où les torrents proglaciaires étaient limités à l'est par le secteur Keewatin de l'inlandsis des Laurentides; les eaux de fonte ont dû quitter la marge glaciaire et suivre des chenaux limités par le socle rocheux sur une distance de plusieurs kilomètres. Les torrents d'eau de fonte, chargés de débris, ont tracé des chenaux profonds dans le socle rocheux avant d'être évacués le long de débouchés inférieurs à mesure que la glace du Keewatin reculait en aval vers le nord ou le nord-est. (Dans le présent texte, le terme coulée est employé uniquement pour désigner les vallées sèches, ou surtout sèches, taillées par d'anciens torrents glaciaires et non pour représenter les petits chenaux, ravins ou rigoles

Relict valleys, either dry or occupied by obviously underfit streams, occur in many parts of Canada, though they are not always as obvious as those of southern Alberta. They are generally referred to as spillways. They similarly relate to recession of the last ice sheet(s), and strictly speaking to drainage of former glacial lakes. For example, an abandoned and 'perched' rapids, waterfall, and gorge system is present near Covey Hill, Quebec at the International Boundary. This Covey Hill outlet route angles across the International Boundary and ranges from 100 to 200 m wide and averages about 35 m in depth with plunge pools probably twice that deep. The entire system is one of both scenic and historic interest.

Similar outlet systems mark the drainage of several phases of glacial Lake Agassiz eastward across northwestern Ontario and of phases of the glacial Great Lakes in Ontario. Abandoned gorge systems mark the outlets of several glacial lakes in northernmost Quebec, in northern Manitoba and Saskatchewan, and in the Northwest Territories. All have left their tell-tale imprint on our landscapes.

In reflecting on glacial landscapes we should not forget some of our beautiful Canadian river valleys where combined glacial and postglacial erosion has cut deeply into glacial deposits. For example, Oldman River in southern Alberta has cut down through more then 90 m of glacial deposits to form steep cliff faces on many of the meander bends (Fig. 80). (These deposits bear testimony to a long record of glacial and interglacial events). Such river bluffs are striking features in areas where local relief is otherwise small. Fraser River in British Columbia in some places has exposed a sequence of sediments as much as 300 m thick (Fig. 81). Though dwarfed by the mountains themselves, such valley sections enhance the beauty of the region and add intrigue to the study of Canadian landscapes.

Another striking feature of many Canadian valleys is the river terrace. These are long, relatively flat surfaces fortuitously perched along the protected sides of certain major streams such as those crossing our Prairie regions (Fig. 82). Major terraces are generally composed of several metres to tens of metres of sandy to gravelly deposits; these were laid down by aggrading ancestral rivers. Thereafter, changes in the flow regime of the river, mainly induced by climatic changes in the source areas, caused the rivers to cut down or erode to lower levels.

---

secondaires également appelés coulées dans certaines parties de l'Ouest du Canada).

Des vallées résiduelles, soit sèches, soit occupées par des rivières inadaptées, se manifestent dans de nombreuses parties du Canada, bien qu'elles ne soient pas toujours aussi évidentes que celles du Sud de l'Alberta. En général, on les appelle déversoirs. Elles sont également liées au recul des derniers inlandsis et, à vrai dire, au drainage d'anciens lacs glaciaires. Par exemple, on retrouve un réseau abandonné et perché de rapides, de chutes et de ravins près de Covey Hill (Québec), à la frontière internationale. Ce tracé, chevauchant en diagonale la frontière internationale, mesure de 100 à 200 m de large et atteint une profondeur moyenne d'environ 35 m; certaines grandes marmites de géant sont probablement deux fois plus profondes. Le réseau entier présente un intérêt à la fois panoramique et historique.

Des réseaux de décharge semblables témoignent du drainage de plusieurs phases du lac glaciaire Agassiz vers l'est, à travers le Nord-Ouest de l'Ontario, et de phases des Grands lacs glaciaires de l'Ontario. Les ravins abandonnés marquent l'embouchure de plusieurs lacs glaciaires dans l'extrême Nord du Québec, dans le Nord du Manitoba et de la Saskatchewan et dans les Territoires du Nord-Ouest. Tous ont laissé leurs traces révélatrices sur le paysage canadien.

Toute étude des paysages glaciaires canadiens se doit de mentionner certaines des magnifiques vallées fluviatiles où l'action combinée de l'érosion glaciaire et postglaciaire a taillé en profondeur les sédiments glaciaires. Par exemple, la rivière Oldman dans le Sud de l'Alberta a entaillé une épaisseur de plus de 90 m de sédiments glaciaires et a contribué à la formation de fronts de falaise abrupts sur un grand nombre de lobes de méandres (fig. 80). (Ces sédiments témoignent d'une longue histoire d'événements glaciaires et interglaciaires). Ces escarpements de rivière s'avèrent des éléments remarquables dans des régions au relief local généralement faible. Le fleuve Fraser en Colombie-Britannique a, par endroit, exposé une série de sédiments de 300 m d'épaisseur (fig. 81). Bien qu'éclipsés par les montagnes elles-mêmes, ces profils de vallée font ressortir la beauté de la région et ajoutent un élément de mystère à l'étude des paysages canadiens.

Les terrasses fluviatiles sont d'autres éléments remarquables d'un grand nombre de vallées canadiennes. Il s'agit de surfaces longues, relativement planes, accidentellement perchées le long des rives protégées de certaines rivières importantes, comme celles qui traversent les Prairies (fig. 82). Les plus grandes terrasses sont généralement composées, sur une profondeur de plusieurs mètres à des dizaines de mètres, de sédiments sableux à graveleux déposés par d'anciennes rivières alluvionnantes. Par la suite, des changements dans le régime d'écoulement de la rivière, entraînés surtout par des changements dans le climat de la région d'origine, ont provoqué l'incision ou l'érosion en profondeur par les rivières.

Selected Bibliography Bibliographie sélective

Late Quaternary subaqueous outwash deposits near Ottawa, Canada; B.R. Rust and R. Romanelli, 1975: in Glaciofluvial and Glaciolacustrine Sedimentation, ed. A.V. Jopling and B.C. McDonald; Society of Economic Paleontologists and Mineralogists, Special Publication 23, p. 177-192.

Massive flow deposits in a Quaternary succession near Ottawa, Canada: diagnostic criteria for subaqueous outwash; B.R. Rust 1977: Canadian Journal of Earth Sciences, v. 14, no. 2, p. 175-184.

Quaternary geology of Red Lake area, District of Kenora (Patricia Portion); V.K. Prest 1981: Ontario Geological Survey, Toronto, Preliminary Map P2398.

Glacial history of Covey Hill; P. MacClintock and J. Terasmae, 1960: Journal of Geology, v. 8, no. 2, p. 236-241.

Eastern outlets of Lake Agassiz; S.C. Zoltai 1967: in Life, Land and Water, ed. W.J. Mayer-Oakes; Proceedings of the 1966 Conference on Environmental Studies of the Glacial Lake Agassiz Region, University of Manitoba Press, p. 107-120.

An outlet of Lake Algonquin at Fossmill, Ontario; L.J. Chapman, 1954: Proceedings of the Geological Association of Canada, v. 6, pt. 2, p. 61-68.

Quaternary stratigraphy in southern Alberta; A.MacS. Stalker, 1963: Geological Survey of Canada, Paper 62-32, 52 p.

Quaternary geology of the North Bay-Mattawa region; J.E. Harrison, 1972: Geological Survey of Canada, Paper 71-26, 37 p.

Surficial geology of the Lindsay-Peterborough area, Ontario, Victoria, Peterborough, Durham and Northumberland Countries, Ontario; C.P. Gravenor, 1957: Memoir 288, Geological Survey of Canada, 60 p.

The Landscapes of Southern Alberta — A regional geomorphology; C.B. Beaty and G.S. Young, 1975: Department of Geography, University of Lethbridge, Alberta, 95 p.

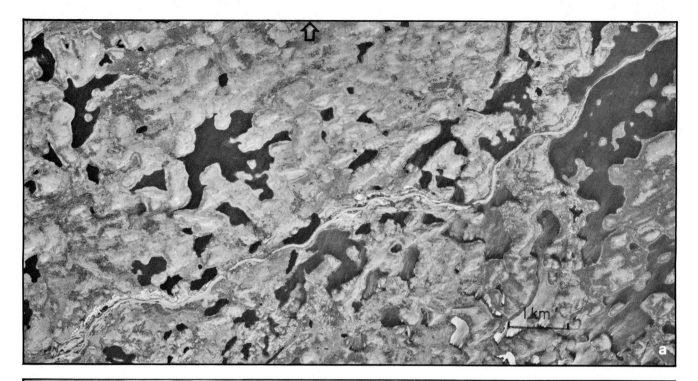

Figure 67. Aerial views of eskers.
a)   A long, winding esker ridge, east of Boyd Lake (Dubawnt River), Northwest Territories (61°25'N, 103°15'W). This view is typical of eskers throughout the District of Keewatin and adjoining areas. NAPL A14887-102
b)   A low-level oblique view of an esker with associated deltas that were built into glacial Lake Agassiz, northern Manitoba (59°N, 100°W). L.A. Dredge, GSC 203797-I

Figure 67.   Vues aériennes d'eskers.
a)   Crête d'esker longue et sinueuse, à l'est du lac Boyd, sur la rivière Dubawnt, dans les Territoires du Nord-Ouest (61°25'N, 103°15'W). Il s'agit d'une scène typique d'eskers tel qu'ils se manifestent partout dans le district de Keewatin et les régions environnantes. PNA A14887-102.
b)   Vue oblique prise à faible altitude d'un esker et de deltas associés formés dans le lac glaciaire Agassiz, dans le Nord du Manitoba (59°N, 100°W). L.A. Dredge, CGC 203797-1.

Figure 68.   Ground views of eskers.

a)   A sharp-crested esker in a treeless area south of Chantrey Inlet (65°35'N, 97°10'W), Northwest Territories; meltwater here escaped northward. R.G. Skinner, GSC 203358-A

b)   Serpentine esker near Trans-Labrador highway, near Churchill Falls, Labrador; the ridge has been utilized as a road into the hinterland. D.A. Hodgson, GSC 203068-I

c)   Winding esker ridge in Snare River valley, District of Mackenzie, Northwest Territories (63°35'N, 116°00'W). C.S. Stockwell, GSC 76335

d)   Esker with beach deposits along its crest; King William Island, District of Franklin, Northwest Territories. B.G. Craig, GSC 201847

e)   Roadcut through an esker in Big Creek valley, near Chilcotin, British Columbia (51°45'N, 123°00'W). J.A. Heginbottom, GSC 147015

Figure 68.   Vues au sol d'eskers.

a)   Esker à crête abrupte dans une zone dépourvue d'arbres, au sud de l'inlet Chantrey (65°35'N, 97°10'W), dans les Territoires du Nord-Ouest; les eaux de fonte se sont échappées vers le nord. R.G. Skinner, CGC 203358-A.

b)   Esker serpentin près de la route Trans-Labrador, près de Churchill Falls, au Labrador; la crête sert de route vers l'arrière-pays. D.A. Hodgson, CGC 203068- I.

c)   Crête d'esker sinueuse dans la vallée de la rivière Snare, district de Mackenzie, dans les Territoires du Nord-Ouest (63°35'N, 116°00'W). C.S. Stockwell, CGC 76335.

d)   Esker avec dépôts côtiers le long de sa crête; île Roi-Guillaume, district de Franklin, dans les Territoires du Nord-Ouest. B.G. Craig, CGC 201847.

e)   Tranchée dans un esker dans la vallée Big Creek, près de Chilcotin, en Colombie-Britannique (51°45'N, 123°00'W). J.A. Heginbottom, CGC 147015.

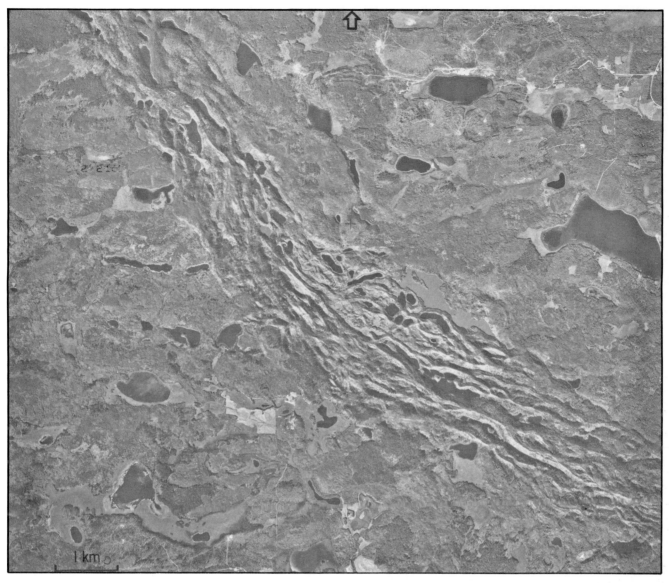

Figure 69. Esker complex, west of Nukko Lake, Prince George area, British Columbia (54°05′N, 123°15′W). NAPL A13525-170

Figure 69. Complexe d'eskers, à l'ouest du lac Nukko, région de Prince-George, en Colombie-Britannique (54°05′N, 123°15′W). PNA A13525-170.

Figure 70.
a,b) Crevasse fillings, northern Manitoba (59°N, 100°W); these ridges are composed of sandy and gravelly materials and are mainly the result of slumping of debris into crevasses; they occur in the node areas of an esker system and reflect fracturing near an ice margin. L.A. Dredge, GSC 203121, 203121-E

*Figure 70.
a), b) Remplissages de crevasses dans le Nord du Manitoba (59°N, 100°W); ces crêtes se composent de matériaux sableux et graveleux et résultent surtout du glissement de débris dans les crevasses, ils se manifestent dans le noeud d'un réseau d'eskers et reflètent la formation de fractures en bordure de la marge d'un glacier. L.A. Dredge, CGC 203121, 203121-E.*

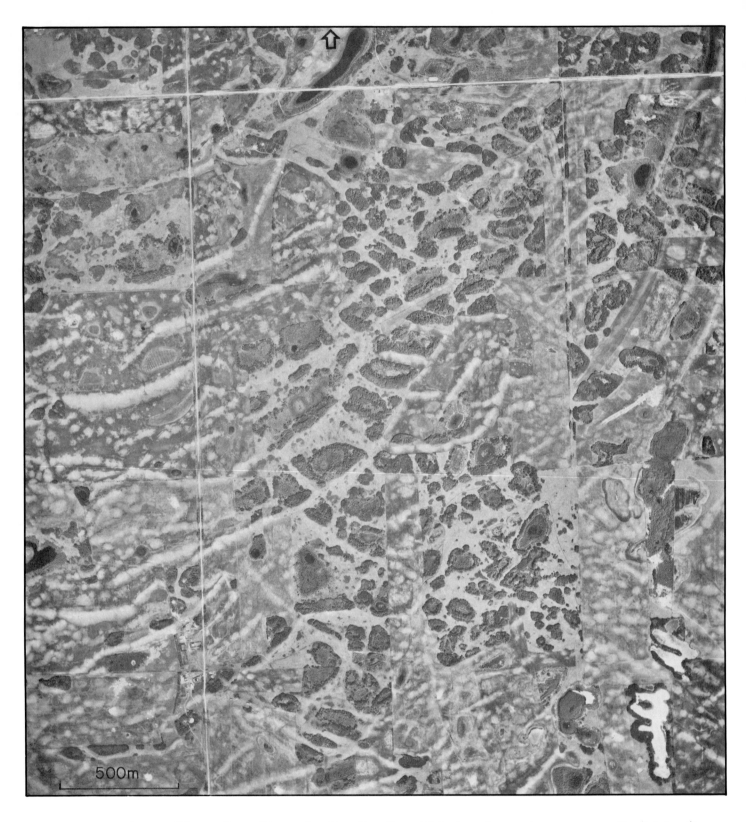

500m

Figure 71a)   Crevasse fillings or linear disintegration ridges (2 to 8 m high), with associated mounds; these ridges and mounds are composed mainly of till and are believed to be of ice-pressed origin; south of Lloydminster, Alberta (53°09'N, 110°04'W). NAPL A12517-80

Figure 71a)   Remplissages de crevasses ou crêtes linéaires de désagrégation (de 2 à 8 m de hauteur) et monticules associés; ces crêtes et monticules surtout composés de till, auraient été formés par la pression de la glace; au sud de Lloydminster, en Alberta (53°09'N, 110°04'W). PNA A12517-80.

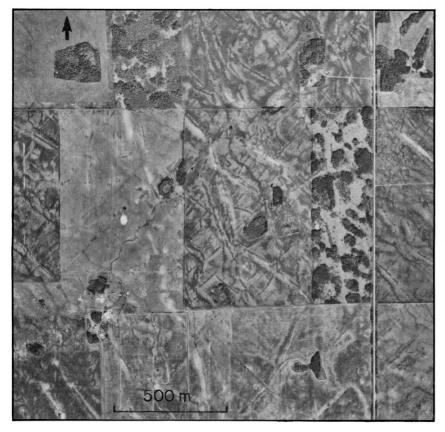

Figure 71b)   Crevasse fillings northeast of Waseca, Saskatchewan (53°7'N, 109°20'W). NAPL A12517–52

Figure 71b)   Remplissages de crevasses au nord-est de Waseca, en Saskatchewan (53°07'N, 109°20'W). PNA A12517-52.

Figure 72.   Kames.
a)   Ground view of a moulin kame, northwest side of Bras D'Or Lakes, Nova Scotia (46°03'N, 60°56'W). D.R. Grant, GSC 203797-J
b)   A low-level oblique view of kames in Wrottesley Valley, Boothia Peninsula, Northwest Territories (71°01'N, 95°35'W). The sandy nature of the kames has limited the growth of vegetation. R.G. Hélie, GSC 203846-B

Figure 72.   Kames.
a)   Vue au sol d'un kame de moulin, rive nord-ouest du lac Bras-d'Or, en Nouvelle-Écosse (46°03'N, 60°56'W). D.R. Grant, CGC 203797-J.
b)   Vue oblique prise à faible altitude de kames dans la vallée Wrottesley, péninsule de Boothia, dans les Territoires du Nord-Ouest (71°01'N, 95°35'W). La nature sableuse des kames a restreint la croissance de la végétation. R.G. Hélie, CGC 203846-B.

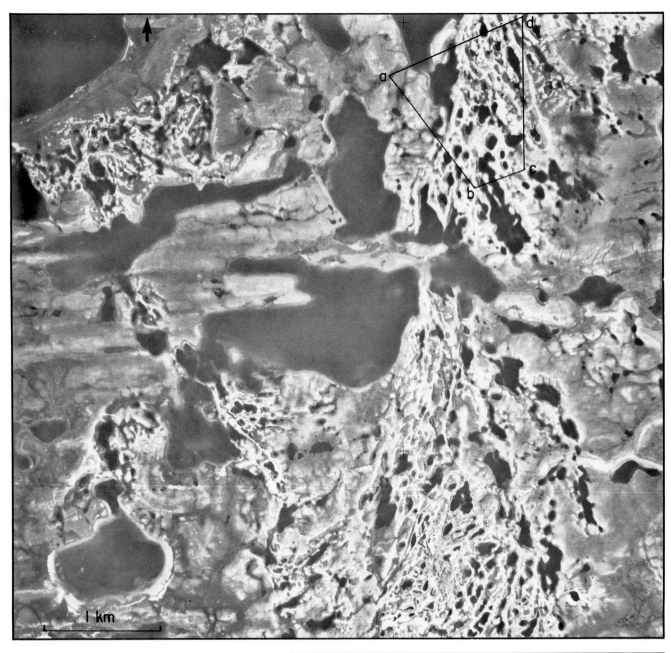

Figure 73.   Pitted outwash, 110 km southwest of Dubawnt Lake, Northwest Territories (62°20′N, 103°50′W). a) NAPL A11544-276; b) Oblique aerial view of inset area shown on the aerial photograph. B.G. Craig, GSC 200204-I

Figure 73.   Épandage fluvio-glaciaire piqué, 110 km au sud-ouest du lac Dubawnt, dans les Territoires du Nord-Ouest (62°20′N, 103°50′W). a)   PNA A11544-276; b) Vue aérienne oblique de la région montrée en cartouche sur la photographie aérienne. B.G. Craig, CGC 200204-I.

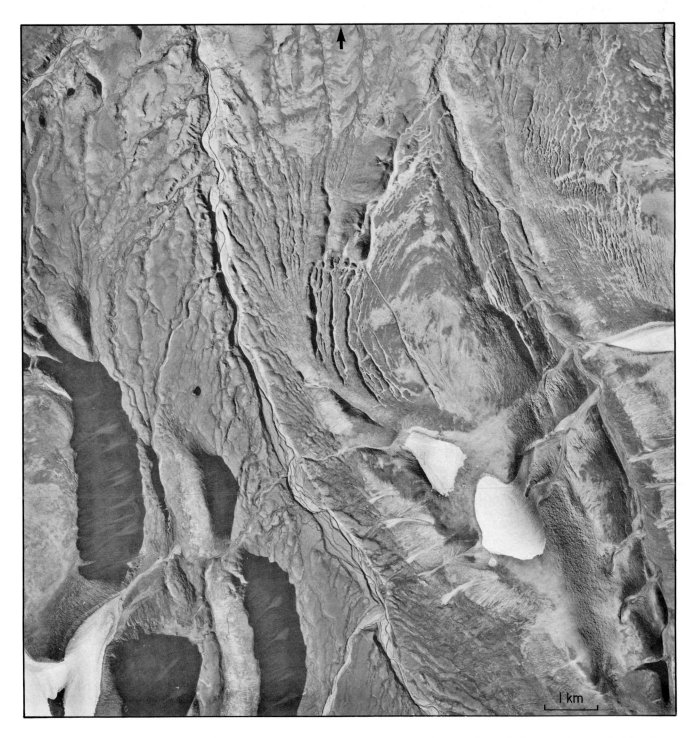

Figure 74.   Meltwater channels, southwest Ellesmere Island, Queen Elizabeth Islands (77°05'N, 84°30'W). Glaciers have receded southward up the main valleys; meltwater coursing alongside the ice cut channels that clearly mark the position of former lobate ice margins. NAPL A16780-69

Figure 74.   Chenaux d'eau de fonte, sud-ouest de l'île Elles-mere, îles Reine-Élisabeth (77°05'N, 84°30'W). Les glaciers ont reculé vers le sud, jusqu'aux vallées principales; en s'écoulant le long de la glace les eaux de fonte ont creusé des chenaux qui marquent nettement la position d'anciennes marges glaciaires lobées. PNA A16780-69.

Figure 75.　Meltwater channel cut in hard Precambrian bedrock, District of Keewatin, Northwest Territories; the channel is 10 to 15 m deep. R.G. Skinner, GSC 203358-B

Figure 75.　Chenal d'eau de fonte découpé dans la roche dure du socle Précambrien, district de Keewatin, dans les Territoires du Nord-Ouest; le chenal a entre 10 et 15 m de profondeur. R.G. Skinner, CGC 203358-B.

Figure 76.　Pothole near the top of a smooth, 10 m-high granite outcrop, 5 km northeast of Rockport, Ontario (44°25'N, 75°53.5'W) and 25 m above the St. Lawrence River. The hole, one of several, was formed beneath glacier ice by the swirling action of debris-laden meltwater. E.P. Henderson, GSC-203858-A

Figure 76.　Marmite de géant située à proximité du sommet d'un affleurement granitique à surface régulière de 10 m de hauteur, 5 km au nord-est de Rockport, en Ontario (44°25'N, 75°53,5'W) et 25 m au-dessus du fleuve Saint-Laurent. La dépression, une parmi plusieurs, a été formée sous la glace de glacier par le tourbillonnement des eaux de fonte chargées de débris. E.P. Henderson, CGC 203858-A.

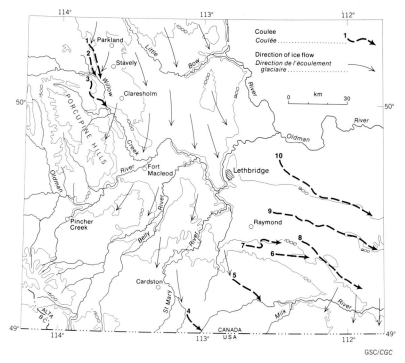

Figure 77. Coulees and present drainage system, southwestern Alberta. Coulee names: 1) Pine, 2) unnamed, 3) Canon Lakes, 4) Whiskey Gap, 5) Lonely Valley, 6) Middle, 7) Kipp, 8) Verdigris, 9) Etzikom, 10) Chin.

Figure 77. Coulées et réseau de drainage actuel, au sud-ouest de l'Alberta. Noms des coulées: 1) Pine, 2) sans nom, 3) Canon Lakes, 4) Whiskey Gap, 5) Lonely Valley, 6) Middle, 7) Kipp, 8) Verdigris, 9) Etzikom, 10) Chin.

Figure 78. Canon Lakes coulee, west of Claresholm, Alberta (cf. Fig. 77). NAPL A23742-31

Figure 78. Coulée Canon Lakes, à l'ouest de Claresholm, en Alberta (voir fig. 77.). PNA A23742-31.

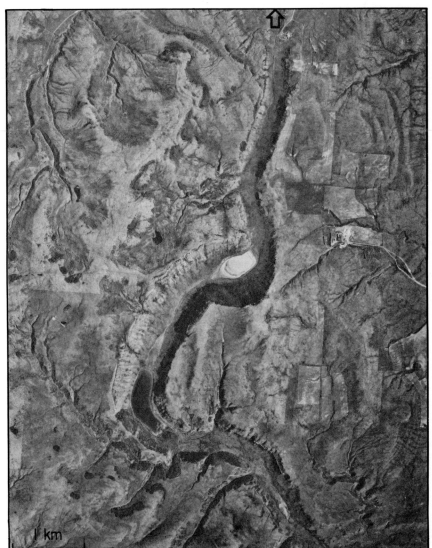

101

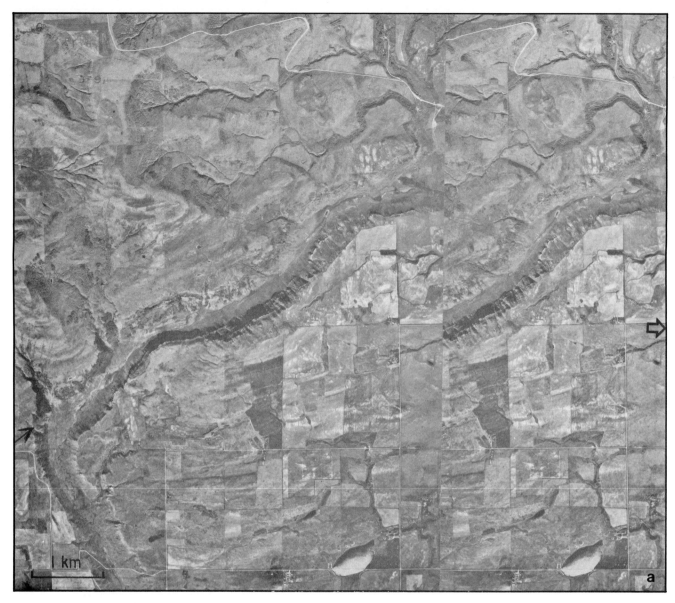

Figure 79.   Pine Coulee (55 m deep) west of Parkland, Alberta; a) stereoscopic pair, NAPL A23742-35, 36; b) ground view to the northwest from the point indicated in (a). A. MacS. Stalker, GSC 147867

Figure 79.   Coulée Pine (profondeur de 55 m), à l'ouest de Parkland, en Alberta.
a)   Couple stéréoscopique, PNA A23742-35, 36; b) Vue au sol de la région située au nord-ouest du point indiqué dans (a). A. MacS. Stalker, CGC 147867.

Figure 80.   East bank of Oldman River near Kipp, Alberta; the cliff here is about 85 m high; the section includes glacial and interglacial sediments: A. bedrock (Bearpaw Formation); B. Cordilleran till grading upward into gravel (Saskatchewan); C. Laurentide till; D. glacially transported mass of bedrock and alluvium; E. Laurentide till; F. interbedded silt and sand with till bands near the base; G. glacial lake clay and silt. Photo and stratigraphy by A. MacS. Stalker, GSC 147839

Figure 80.   Rive est de la rivière Oldman, près de Kipp, en Alberta; la falaise a environ 85 m de hauteur à cet endroit. La coupe renferme des sédiments glaciaires et interglaciaires: A) roche en place (formation de Bearpaw); B) till de la Cordillère qui, de bas en haut, se transforme graduellement en gravier (Saskatchewan); C) till des Laurentides; D) masse de roche en place et d'alluvions transportés par les glaces; E) till des Laurentides; F) limon et sable interstratifiés, avec des zones de till près de la base; G) argile et limon de lac glaciaire. Photographie et stratigraphie: A. MacS. Stalker, CGC 147839.

Figure 81.   Fraser River valley and gorge north of Lilloet, British Columbia; 300 m of Pleistocene sediments have been exposed in the valleysides. J.A. Heginbottom, GSC 147035, 36

Figure 81.   Vallée et gorge du fleuve Fraser, au nord de Lilloet, en Colombie-Britannique; 300 m de sédiments du Pléistocène ont été exposés dans les versants de la vallée. J.A. Heginbottom, CGC 147035, 36.

Figure 82.   Scarps and terraces on Red Deer River, Dorothy, Alberta (51°17'N, 112°20'W); view to south. J.S. Scott, GSC 118605, 6

Figure 82.   Escarpements et terrasses en bordure de la rivière Red Deer, à Dorothy, en Alberta (51°17'N, 112°20'W); vue en direction du sud. J.S. Scott, CGC 118605, 6.

Lacustrine and Marine Features Related to Glaciation

Little mention has been made of the fine grained sediments (clay and silt) that were washed from melting glaciers into lakes, glacial lakes, and the sea, and were distributed widely in these bodies of water. Where glaciers were present, these fine materials may be referred to as glaciolacustrine and glaciomarine respectively. Whereas the fine grained deposits do not generally provide striking features, their overall presence has a direct bearing on our glacial landscapes. In some regions glaciolacustrine and glaciomarine deposits may blanket older glacial deposits and irregular bedrock surfaces and when drained and elevated above sea level — due to rise of the land consequent upon removal of the ice load (referred to as isostatic adjustment) — the resulting flat surface is termed a clay plain. Vast areas of Quebec, Ontario, the Prairie Provinces, and parts of Northwest Territories were covered by glacial lakes (some of which were larger than our present Great Lakes) and are now clay plains. The Great Northern Clay Plain of Quebec and Ontario is the result of fine sediments that were deposited in the basin of glacial Lake Barlow-Ojibway; the clay plain in southern and central Manitoba resulted from the fine sediments deposited in glacial Lake Agassiz. These clay plains constitute valuable agricultural lands. Much clay and silt was also carried into the Champlain Sea which occupied St. Lawrence River valley southwest of Quebec City and extended up Ottawa valley to beyond Petawawa. This clay plain is fundamental to the St. Lawrence Lowland agricultural development and to the resulting concentration of urban communities. But not all areas of clay are necessarily plains: for example, in Alberta, west of Edmonton in particular, rapid deposition of clay in a glacial lake basin buried great blocks of ice; as the ice blocks melted, the clays slumped and draped down into the resulting depressions to give a markedly hummocky surface resembling hummocky ground moraine.

Formes de relief lacustres et marines liées à la glaciation

On s'est peu arrêté aux sédiments à grains fins (argile et limon) qui ont été déposés par des glaciers en fusion dans des lacs, des lacs glaciaires et des mers où ils se sont largement dispersés. Dans les régions autrefois recouvertes par les glaces, on peut qualifier ces fines particules de glacio-lacustre ou de glacio-marines, selon le cas. Bien que ces dépôts ne produisent pas de formes particulièrement frappantes, leur présence influe directement sur les modelés glaciaires canadiens. Dans certaines régions, les sédiments glacio-lacustres et glacio-marins peuvent recouvrir des sédiments glaciaires encore plus anciens et des surfaces irrégulières de roche en place; une fois drainée et élevée au-dessus du niveau de la mer, notamment sous l'effet d'un soulèvement du sol après le retrait de la glace (effet de compensation isostatique), la surface plane ainsi formée est appelée plaine d'argile. De vastes régions du Québec, de l'Ontario et des provinces des Prairies, et certaines parties des Territoires du Nord-Ouest ont été submergées par des lacs glaciaires (dont certains couvraient une plus grande étendue que les Grands Lacs actuels) et sont devenues des plaines d'argile. La grande plaine d'argile septentrionale du Québec et de l'Ontario est le produit de la sédimentation de fines particules dans le bassin du lac glaciaire Barlow-Ojibway; la plaine d'argile située dans le sud et le centre du Manitoba doit ses origines aux sédiments à grains fins qui se sont déposés dans le lac glaciaire Agassiz. Ces plaines représentent de précieuses terres agricoles. Beaucoup d'argile et de limon a aussi été déversés dans la mer Champlain qui occupait la vallée du Saint-Laurent au sud-ouest de Québec et se prolongeait en amont de la vallée des Outaouais, au-delà de Petawawa. Cette plaine d'argile a joué un grand rôle dans l'exploitation agricole des basses terres du Saint-Laurent et dans la concentration subséquente des villes. Toutes les régions recouvertes d'argile ne sont cependant pas forcément des plaines: ainsi, en Alberta, surtout à l'ouest d'Edmonton, le dépôt rapide d'argile dans le bassin d'un lac glaciaire a enfoui d'énormes blocs de glace; sous l'action de la fonte de ces blocs, les sédiments argileux se sont affaissés et ont drapé les dépressions ainsi formées, produisant une surface très bosselée semblable aux moraines de fond bosselées.

Large glacial lakes and areas inundated by the sea have left other striking features due to the erosional work of waves on their shorelines. In some areas terraces, beaches, and bluffs are present that mark former stillstands of some of our glacial lake levels; such features are well preserved on the east side of Lake Huron and Georgian Bay (Fig. 87). Perhaps the more striking features, however, are raised boulder beaches (Fig. 83), which are best developed where the former lake or sea abutted onto bouldery drift deposits such as are formed under some ice-contact conditions. The lake or sea waters then size-sorted the drift, carrying the fine sediments offshore and concentrating the boulders onshore. Though generally best seen north of treeline, they are also evident in the south where the cover of exceptionally large boulders has inhibited the growth or regrowth of trees; a good example of such raised boulder beaches occurs on Montagne de Rigaud in southwestern Quebec.

Where bouldery or cobbly material is not present for lake and sea waters to wash, the raised beaches may be gravelly or sandy. Sandy beach ridges are seldom well preserved or evident due to postglacial erosion and to forest cover. But in some northern areas, such as around Hudson Bay, successions of sandy raised beaches and spits are well developed. In some places the maximum incursion by the sea (marine limit) is marked by the discontinuity between unwashed and wave-washed terrain and is further emphasized by the occurrence of raised beaches and spits (Fig. 84). Below marine limit, the isostatically rising land and consequent falling level of the Tyrrell Sea (the forerunner of Hudson Bay) gave rise to a remarkable succession of beach ridges (Fig. 85). At the present shoreline where the slope of the land is gentle and the sea shallow and where longshore currents are minimal, as at the south end of Mansel Island (Fig. 86) truly remarkable spits are being built into the sea at right angles to the shore. In sandy areas it is more common to find broad sand plains or terraces related to former lake or sea levels. In southern Canada, such as east of Lake Huron and in Bay of Quinte area (northeast end of Lake Ontario), sand plains provide pleasant parklands that enhance otherwise less interesting terrain.

Other features worthy of note are raised deltas, which were formed where glacial and proglacial streams, carrying sediment, entered either a

De grands lacs glaciaires et des régions inondées par la mer ont laissé d'autres formes de relief très évidentes dues à l'érosion de leurs rivages par les vagues. En certains endroits, on trouve des terrasses, des plages et des falaises qui signalent l'état stationnaire du niveau de certains des lacs glaciaires canadiens; ces marques sont bien conservées du côté est du lac Huron et de la baie Georgienne (fig. 87). Les plages de blocs soulevées (fig. 83) demeurent toutefois les formes de relief les plus remarquables, les plus nettes d'ailleurs se trouvant là où l'ancien lac ou l'ancienne mer confinait à des dépôts fluvio-glaciaires de blocs rocheux similaires à ceux qui se forment parfois au contact des glaces. Les eaux lacustres ou marines ont ensuite trié les matériaux de transport glaciaires d'après leur taille, les particules fines étant transportées vers le large et les plus grossières (les blocs) échouant sur la plage. Bien que les plages de ce type se distinguent généralement plus clairement au nord de la ligne des arbres, elles se manifestent également dans le sud, où la couverture de blocs exceptionnellement larges a freiné la croissance des arbres ou le repeuplement; la montagne de Rigaud, dans le Sud-Ouest du Québec, offre un bon exemple de plages de blocs soulevées.

Lorsque les eaux lacustres ou marines n'ont pas de matériaux pierreux ou rocheux à transporter, les plages soulevées peuvent être recouvertes de sable ou de gravier. Les levées de plage sablonneuses sont rarement bien conservées ou évidentes en raison de l'érosion postglaciaire et de la couverture forestière. Dans certaines régions septentrionales, néanmoins, par exemple aux environs de la baie d'Hudson, des séries de plages et de flèches de sable soulevées sont bien formées. En certains endroits, l'incursion maximale de la mer (limite marine) est marquée par une discontinuité entre les terrains lavés et non lavés par les vagues; la présence de plages et de flèches soulevées (fig. 84) l'accentue davantage. En deçà de cette limite, le soulèvement du sol par compensation isostatique et l'abaissement consécutif du niveau de la mer Tyrrell (précurseur de la baie d'Hudson) ont donné naissance à une succession remarquable de levées de plage (fig. 85). Sur la côte actuelle, où la pente du terrain est douce et la mer peu profonde et où les courants littoraux sont faibles, comme à l'extrémité sud de l'île Mansel (fig. 86), des flèches vraiment remarquables, perpendiculaires au littoral, se profilent dans la mer. Dans les régions sablonneuses, il est plus courant de rencontrer de vastes ou terrasses plaines de sable associées à d'anciens niveaux de lac ou de mer. Dans le Sud du Canada, comme à l'est du lac Huron et dans la région de la baie de Quinte (extrémité nord-est du lac Ontario), les plaines sablonneuses permettent l'établissement de parcs qui rehaussent un terrain qui autrement n'offrirait qu'un moindre intérêt.

lake or sea; since that time, uplift of the land and hence lowering of water levels have resulted in the deltas, along with other strandline features marking former shorelines, being elevated above present lake or sea levels. Raised deltas are found in many river valleys on both sides of St. Lawrence valley in the area formerly occupied by the Champlain Sea; north of the Ottawa-Montreal area deltas and other strandline features occur as much as 225 m above present sea level due to postglacial isostatic adjustment. Raised deltas are also found around the Great Lakes where streams formerly debouched into the glacial Great Lakes; these deltas are important as farmland, parkland, and woodland areas. Raised deltas, of course, are present in most areas formerly covered by glacial lakes and early postglacial seas and, hence, are widespread in Canada. They are perhaps most easily seen in the North beyond treeline. Shifting of stream courses and changes in water levels have resulted in some remarkably channelled deltas such as that found on Victoria Island, District of Franklin (Fig. 88).

Parmi les autres formes d'accumulation dignes de mention, il y a les deltas soulevés, qui se sont formés lorsque des torrents glaciaires et proglaciaires charriant des sédiments se sont déversés soit dans un lac, soit dans la mer; depuis lors, le soulèvement du sol et, par conséquent, l'abaissement des niveaux d'eau ont entraîné une élévation des deltas et des autres formes marquant d'anciennes lignes de rivage au-dessus du niveau actuel des lacs et des mers. Ces deltas soulevés se rencontrent dans de nombreuses vallées fluviales, de part et d'autre de la vallée du Saint-Laurent, dans la région jadis occupée par la mer Champlain; au nord de la région englobant Ottawa et Montréal, on trouve des deltas et d'autres anciennes lignes de rivage à une hauteur pouvant aller jusqu'à 225 m au-dessus du niveau actuel de la mer, en raison de la compensation isostatique postglaciaire. On en trouve aussi autour des Grands Lacs, où des cours d'eau se déversaient anciennement dans les Grands lacs glaciaires; l'importance de ces deltas vient du fait qu'il peuvent servir à des fins agricoles, récréatives et forestières. Bien sûr, des deltas soulevés se retrouvent dans la plupart des régions qui ont été submergées par les lacs glaciaires et les mers du début de l'époque postglaciaire et sont donc très répandus au Canada. Ils se manifestent peut-être plus visiblement dans le Nord, au-delà de la ligne des arbres. Le changement de direction des cours d'eau et la variation des niveaux d'eau ont produit des deltas ravinés par un nombre remarquable de chenaux, par exemple dans l'île Victoria, dans le district de Franklin (fig. 88).

Figure 83.   Raised beaches.

a)   Oblique aerial view of raised beaches formed in glacial Lake Ennadai, Northwest Territories (61°00'N, 101°30'W). H.A. Lee, GSC 126864

b)   Raised boulder beach near upper limit of glacial Lake Agassiz, northeast of Red Lake, northwestern Ontario (51°13'N, 93°31'W); each is at 470 m elevation on east side of Lac Seul moraine. Courtesy of D.R. Sharpe, GSC 203797-Z

c)   Raised boulder beach formed in the postglacial Tyrrell Sea, east of James Bay, Quebec; beach is now at more than 200 m elevation; boulders and cobbles are well rounded due to westward exposure to more than 650 km of open sea. J-S. Vincent, GSC 167973

d)   Raised boulder beach formed in the Champlain Sea; Montagne de Rigaud, southwest Quebec. This bouldery beach is on the western, more exposed side of the mountain whereas gravelly and sandy beaches occur on more sheltered parts. Many of the boulders are of local origin and are little rounded. V.K. Prest, GSC 165184

Figure 83.   Plages soulevées.

a)   Vue aérienne oblique de plages soulevées formées dans le lac glaciaire Ennadai, dans les Territoires du Nord-Ouest (61°00'N, 101°30'W). H.A. Lee, CGC 126864.

b)   Plage de blocs soulevée, près de la limite supérieure du lac glaciaire Agassiz, au nord-est du lac Red, au nord-ouest de l'Ontario (51°13'N, 93°31'W); la plage se·trouve à une hauteur de 470 m sur la face est de la moraine Lac Seul. Avec la permission de D.R. Sharpe, CGC 203797-Z.

c)   Plage de blocs soulevée, formée dans la mer post-glaciaire Tyrrell, à l'est de la baie James, au Québec; la plage se trouve actuellement à une hauteur de plus de 200 m; les blocs rocheux et les galets sont bien arrondis étant donné que la face ouest est exposée à la mer sur plus de 650 km. J.-S. Vincent, CGC 167973.

d)   Plage de blocs soulevée formée dans la mer Champlain; montagne de Rigaud, au sud-ouest du Québec. Cette plage de blocs se trouve sur le versant le plus exposé de la montagne, soit le versant ouest, tandis que les parties plus protégées se caractérisent par des plages de sable et de gravier. Un grand nombre de blocs rocheux sont d'origine locale et présentent une forme légèrement arrondie. V.K. Prest, CGC 165184.

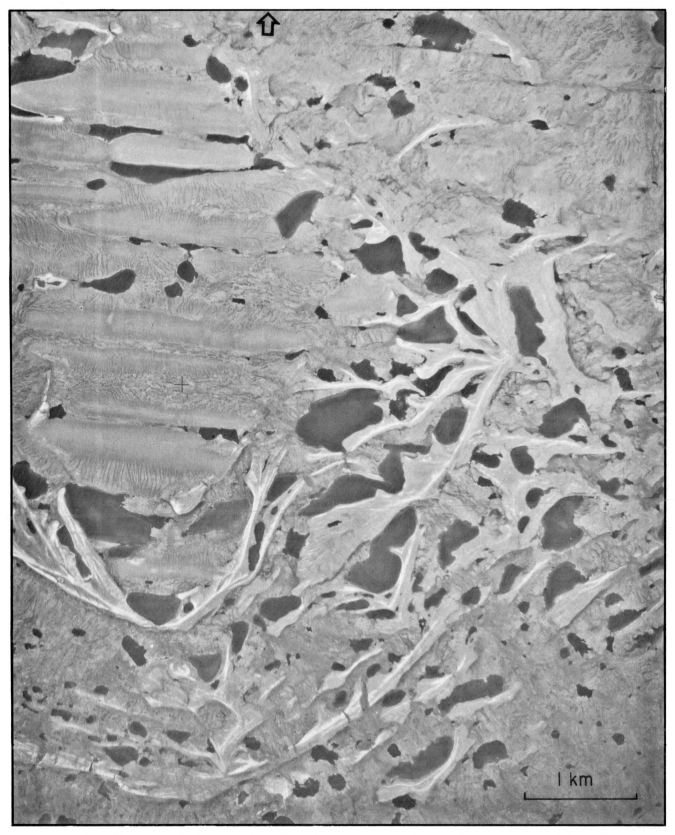

Figure 84. Raised beaches and spits, at and immediately below marine limit, on a former island in the postglacial Tyrrell Sea near Maguse River, Northwest Territories (61°25'N, 95°45'W); note the unmodified drumlinized terrain formed by ice flowing eastward into the sea in the Hudson Bay basin. NAPL A12846-186

Figure 84. Plages et flèches soulevées, à la limite de la mer et juste en dessous, sur une ancienne île de la mer post-glaciaire Tyrrell, près de la rivière Maguse, dans les Territoires du Nord-Ouest (61°25'N, 95°45'W); à noter, l'état de conservation du terrain modelé en drumlins formé par un glacier qui se déplaçait vers l'est, en direction du bassin de la baie d'Hudson où il s'est jeté dans la mer. PNA A12846-186.

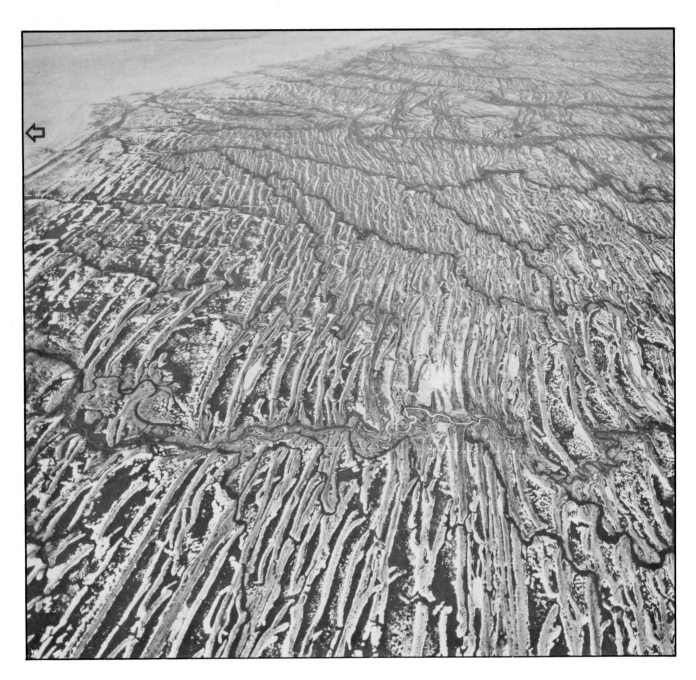

Figure 85.   Flights of raised beaches, bars, and spits on the southwest shore of Hudson Bay, east of the mouth of Severn River, Ontario; these were formed in the postglacial Tyrrell Sea during the period of land rebound that resulted in the present configuration of Hudson Bay (ice-covered in the top left corner); depth of view is about 75 km. NAPL T127L-182

Figure 85.   Séries de plages, de barres et de flèches soulevées, sur la rive sud-ouest de la baie d'Hudson, à l'est de l'embouchure de la rivière Severn, en Ontario; ces formes ont pris naissance dans la mer post-glaciaire Tyrrell durant la période de rebondissement qui a donné à la baie d'Hudson sa configuration actuelle (couverture de glace dans le coin supérieur gauche); la prise de vue couvre environ 75 km. PNA T127L-182.

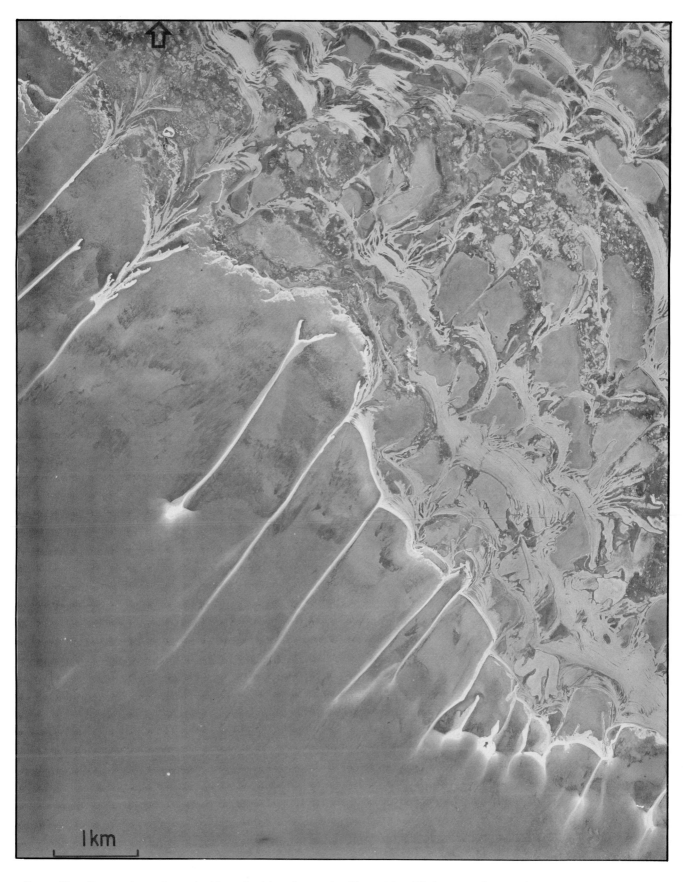

Figure 86. Present-day spits and older raised beaches and spits, Mansel Island, northeastern Hudson Bay. NAPL A16667-25

Figure 86. Flèches actuelles, et plages et flèches soulevées plus anciennes, île Mansel, au nord-est de la baie d'Hudson. PNA A16667-25.

Figure 87.   Wave-cut scarps and terraces near Waubaushene, southeastern Georgian Bay, Ontario. The boulder-strewn terrace (foreground) and the scarp behind it were formed during the Nipissing phase of the Great Lakes system. The bouldery terrace is now 18 m above the level of the nearby bay. The three terraces above the Nipissing relate to the Payette, Cedar Point, and Penetang (sky-line) phases of glacial Lake Algonquin. V.K. Prest, GSC 203797-T

Figure 87.   Terrasses et escarpements façonnés par les vagues, près de Waubaushene, au sud-est de la baie Georgienne, en Ontario. La terrasse jonchée de blocs rocheux (au premier plan) et l'escarpement situé derrière datent de la phase Nipissing du système des Grands Lacs. La terrasse de blocs rocheux se trouve actuellement à 18 m au-dessus de la baie avoisinante. Les trois terrasses situées au-dessus se rapportent aux phases Payette, Cedar Point et Penetang (ligne de l'horizon) du lac glaciaire Algonquin. V.K. Prest, CGC 203797-T.

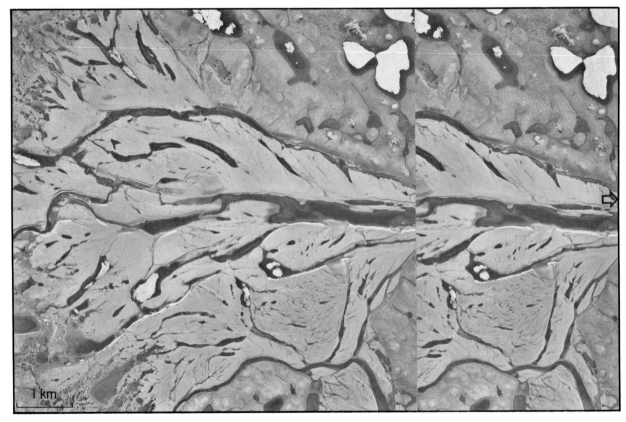

Figure 88.   Raised (birds-foot) delta built into the sea at marine limit (here 137 m), 25 km northeast of Prince Albert Sound, Victoria Island, Northwest Territories. The area around the apex of the delta is unmodified by the sea and the glacial drift here displays remarkable polygonal structures due to frost action. Stereoscopic pair, NAPL A16131-14,15

Figure 88.   Delta soulevé (en patte d'oie) se prolongeant dans la mer, à la limite marine (ici, 137 m), 25 km au nord-est de la baie Prince-Albert, dans l'île Victoria, dans les Territoires du Nord-Ouest. La mer a laissé intacte la zone qui entoure le sommet du delta, et les matériaux de transport glaciaires présentent ici des structures polygonales remarquables attribuables au gel. Couple stéréoscopique, PNA A16131-14, 15.

Composite Glacial Landforms

Before leaving the subject of glacial, glaciofluvial, and glaciolacustrine features per se, it should be kept in mind that the deposition of till and variously sorted sediments in the marginal zone of the last ice sheet was a very complex process. Basal or lodgment till may have been deposited in close association with materials carried within and on the ice. Also, where glacial meltwaters were following their irregular courses under semi-active ice and around and over blocks of stagnant ice, materials were deposited as eskers, crevasse-fillings, kames, and outwash. Furthermore, the fine materials carried beyond the ice front may have been deposited rapidly in an adjacent lake or sea. Thus, a great variety of glacial features and deposits may occur in close proximity. An area in northwestern Ontario is chosen here to exemplify the complexity of features and deposits formed during the recession of the last ice sheet.

The general pattern of glacial features in northwestern Ontario (see Glacial Map of Canada) indicates that the ice sheet retreated towards both the northeast and the east-northeast and that both components constructed end moraines during deglaciation. Also, the presence of glaciolacustrine features and deposits reveals that glacial Lake Agassiz expanded into northwestern Ontario as the ice receded; long arms of this lake extended eastward along the ice front as lowland areas were uncovered. In some places the shape of the basins caused calving of the 'eastern' ice and this induced a westward flow that left both parallel and transverse features at a marked angle to those of the more general southwest-flowing ice.

About 9000 years ago a readvance of the ice sheet constructed a major end moraine system – called the Agutua Moraine – in northwestern Ontario. From a point about 30 km north of Lake Nipigon this moraine extends northward to beyond Albany River and then trends west-northwest for about 200 km. The Agutua Moraine includes both clay-silt till

Formes de relief glaciaires composées

Avant de tourner la page sur les formes glaciaires, glacio-fluviales et glacio-lacustres comme telles, il est bon de se rappeler que l'accumulation de till et de sédiments classés de façon variable dans la zone marginale du dernier inlandsis a été un phénomène très complexe. Le dépôt du till de fond a pu se produire en association étroite avec des matériaux transportés à l'intérieur ou à la surface du glacier. De plus, lorsque les eaux de fonte suivaient des cours irréguliers sous de la glace semi-active ou autour, ainsi que par-dessus, des blocs de glace stagnante, des matériaux se sont déposés sous forme d'eskers, de remplissages de crevasses, de kames et d'épandages fluvio-glaciaires. Par ailleurs, les fines particules transportées au-delà du front glaciaire ont pu être rapidement déposées dans une mer ou un lac avoisinant. C'est pourquoi on peut trouver une grande variété de formes et de dépôts glaciaires à l'intérieur d'une zone relativement étroite. Une région du nord de l'Ontario a été retenue ici comme exemple de la complexité des modelés et des dépôts formés durant le retrait du dernier inlandsis.

D'après la structure générale de la topographie glaciaire du Nord-Ouest de l'Ontario (Carte glaciaire du Canada), l'inlandsis a reculé tant vers le nord-est que vers l'est-nord-est, et ces deux langues ont façonné des moraines frontales durant la déglaciation. En outre, la présence de formes et de sédiments glacio-lacustres indique que le lac glaciaire Agassiz s'est élargi vers le Nord-Ouest de l'Ontario lorsque la glace a reculé; de longs bras de ce lac se sont prolongés vers l'est, le long du front glaciaire, au fur et à mesure qu'émergeaient les basses terres. En certains endroits, la forme des bassins a fait vêler la langue de glace orientale, de façon qu'il s'ensuivit un écoulement vers l'ouest qui a laissé des formes de relief parallèles et transversales formant un angle prononcé par rapport aux modelés laissés par la glace s'écoulant plus généralement vers le sud-ouest.

Il y a environ neuf millénaires, une nouvelle avancée de l'inlandsis a façonné un important réseau de moraines frontales – la moraine Agutua – dans le Nord-Ouest de l'Ontario. Partant d'un point situé à environ 30 km au nord du lac Nipigon, cette moraine s'étend vers le nord jusqu'au-delà de la rivière Albany, puis se dirige vers l'ouest-nord-ouest sur environ 200 km. La moraine Agutua se compose de till argileux et limoneux et de matériaux glacio-fluviaux. Elle comprend des crêtes de poussée très prononcées et de nombreux lacs aux contours irréguliers; de plus, au sud de la rivière Albany, sa surface porte des rainures glaciaires (fig. 89, 90). Eskers,

and glaciofluvial materials. It displays some prominent ice-push ridges, includes numerous irregular-shaped lakes, and south of Albany River shows some glacial fluting on its surface (Fig. 89, 90). Esker, kame, outwash, and glaciolacustrine deposits are intimately associated with the end moraine system. After construction of the Agutua Moraine the ice front receded at least 25 km and glacial lake clays were deposited over the newly uncovered area. The eastern ice then made a major readvance and overrode the lake clays and part of the older Agutua Moraine. Ice-push ridges and chasms were made in the moraine at this time and the moraine surface was faintly fluted. An esker-kame complex is intimately associated with this late advance as are many De Geer moraines. Where a west-trending esker debouched into glacial Lake Agassiz (Fig. 90), much silt and fine sand was deposited; when lake levels fell these deposits were blown into dunes, with a relief of 10 to 15 m, whereas in lower areas a blanket of clay was deposited.

The glacial landforms here are large features: the elongate, sinuous ridge (Fig. 90) rises 35 m above the adjacent lakes, and the end moraine has local relief of over 60 m. The end moraine (Fig. 89) rises to 165 m above Albany River though local relief within the moraine is generally only 35 to 40 m. The pitted outwash has local relief of up to 60 m and the chasms between the ice-push ridges in the moraine are 30 to 35 m deep (Fig. 89). The kames north of the river rise to 30 m above the drumlinized to faintly fluted ground moraine.

Perhaps the reader may now visualize better the size and complexity of glacial features visible on airphotos or shown on surficial geology or other maps. Glacial features such as we have discussed above, both individually and collectively, may be found in varied combinations in many parts of Canada. Hopefully the brief comments on glaciers and glacial features will make the reader more aware of the work done by glacier ice during the Great Ice Age. Certainly our heritage of glacial landforms is great and it has had a marked bearing on the development of our civilization and will continue to influence it far into the future.

Selected Bibliography

Red Lake-Landsdowne House map-area, northwestern Ontario, surficial geology; V.K. Prest, 1963: Geological Survey of Canada, Paper 63-6, 23 p.

kames, épandages fluvio-glaciaires et dépôts glacio-lacustres sont tous très intimement liés à ce réseau de moraines frontales. Après avoir façonné cette moraine, l'inlandsis a reculé d'au moins 25 km, et des argiles glacio-lacustres se sont accumulées sur la terre nouvellement émergée. La langue de glace orientale a alors accompli une importante avancée qui l'a emmené à recouvrir les argiles lacustres et une partie de l'ancienne moraine Agutua. Des crêtes de poussée et des gouffres se sont alors formés dans la moraine, dont la surface est devenue légèrement cannelée. Un complexe d'eskers et de kames est étroitement associé à cette dernière poussée, tout comme de nombreuses moraines de De Geer. Lorsqu'un esker orienté vers l'ouest a débouché dans le lac glaciaire Agassiz (fig. 90), il y a eu accumulation considérable de limon et de sable fin; lorsque le niveau des lacs a baissé, ces sédiments ont formé, sous l'effet des vents, des dunes d'une hauteur de 10 à 15 m, tandis qu'une couche d'argile a recouvert les terres plus basses.

La topographie glaciaire de cette région est donc constituée de macro-formes: la crête allongée et sinueuse (fig. 90) s'élève à 35 m au-dessus des lacs adjacents, et la moraine frontale a un relief local de plus de 60 m. La moraine frontale (fig. 89) gît 165 m au-dessus de la rivière Albany, bien que le relief local n'y soit, en règle générale, que de 35 à 40 m. L'épandage fluvio-glaciaire piqué a un relief pouvant atteindre 60 m par endroits, et les gouffres situés entre les crêtes de poussée, dans la moraine, ont une profondeur de 30 à 35 m (fig. 89). Les kames au nord de la rivière s'élèvent à 30 m au-dessus de la moraine de fond à surface modelée en drumlins ou légèrement ondulée.

Le lecteur est peut-être à même, maintenant, de mieux apprécier l'immensité et la complexité des formes glaciaires apparaissant sur les photographies aériennes, les cartes de géologie de surface et d'autres cartes. Les formes de relief glaciaires, comme celles décrites dans la présente étude, peuvent se présenter, individuellement ou collectivement, en combinaisons variées dans beaucoup de régions du Canada. Il est à espérer que les brèves observations faites sur les glaciers et les formes glaciaires auront permis au lecteur de se familiariser avec le travail des glaciers au cours de la Grande époque glaciaire. Ce riche héritage glaciaire a eu une influence marquée sur l'évolution de la civilisation canadienne, influence qu'il continuera d'ailleurs à exercer longtemps encore.

Bibliographie sélective

Red Lake-Landsdowne House map-area, northwestern Ontario, surficial geology; V.K. Prest, 1963: Geological Survey of Canada, Paper 63-6, 23 p.

Figure 89. The Agutua-Miminiska moraine system and associated features, northwestern Ontario; the moraine here rises some 125 m above Albany River and Lake Miminiska (upper right). Legend: GM, ground moraine (locally drumlinized or fluted and commonly mantled by glacial lake deposits); EM, end moraine (note the faint fluting and the ice-push ridges); EK, esker-kame complex; O, pitted outwash (pits up to 60 m deep); L, thick lake clay and silt; S, glacial lake strandlines. NAPL 13909-120

Figure 89. Réseau morainique Agutua-Miminiska et formes associées, au nord-ouest de l'Ontario; la moraine s'élève à quelque 125 m au-dessus de la rivière Albany et du lac Miminiska (coin supérieur droit) à cet endroit. Légende: GM, moraine de fond (par endroits modelée an drumlins ou cannelée, et généralement recouverte de dépôts de lac glaciaire); EM, moraine frontale (à remarquer les légères rainures et les crêtes de poussée); EK, complexe d'eskers et de kames; O, épandages fluvio-glaciaires piqués (ceux-ci ont jusqu'à 60. m de profondeur); L, épaisses couches d'argile et de limon lacustres; S, ligne de rivage de lac glaciaire. PNA 13909-120.

115

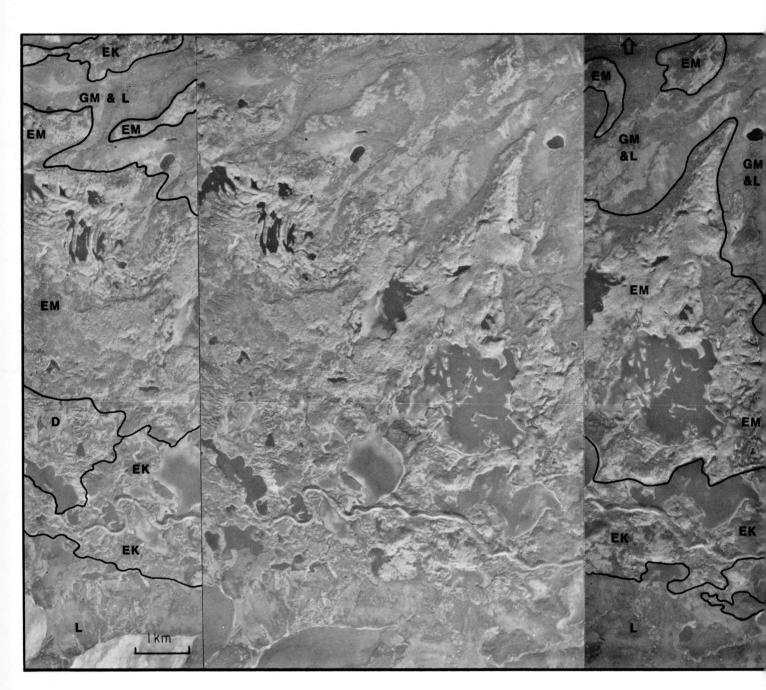

Figure 90.   The Agutua Moraine and related features, north-western Ontario (51°45'N, 89°25'W); note the ice-push ridges in upper left corner. Legend: GM, ground moraine; EM, end moraine; EK, esker-kame complex (esker ridge with associated kame and outwash deposits); D, dune area; L, glacial lake clay and silt. Stereoscopic set NAPL A15585-9, 10, 11

Figure 90. Moraine Agutua et formes associées, au nord-ouest de l'Ontario (51°45'N, 89°25'W); à remarquer, les crêtes de poussée dans le coin supérieur gauche. Légende: GM, moraine de fond; EM, moraine frontale; EK, complexe d'eskers et de kames (esker associé à des kames et à des épandages fluvioglaciaires); D, zone de dunes; L, argile et limon de lac glaciaire. Couple stéréoscopique, PNA A15585-9, 10, 11.

Glossary of Selected Terms*

Glacier: a general term that refers to any large naturally occurring perennial mass of ice formed, at least in part on the land, by the compaction and recrystallization of snow, and moving slowly by creep downslope or outward in all directions due to the stress of its own weight. It may be used interchangeably for the more specific terms for ice masses given below.

Valley glacier: an ice stream flowing within a well defined valley and characteristically elongate.

---

*Modified from the Glossary of Geology, ed. R.L. Bates and J.A. Jackson, 1980: American Geological Institute, Virginia, second edition.

Ice field: a small or large ice mass of sheet or blanket type whose form and flow pattern are strongly influenced by the underlying topographic irregularities.

Ice cap: a dome-shaped or plate-like cover of perennial ice and snow, less than 50 000 km^2, covering the summit area of a mountainous mass with few if any emergent peaks, or covering a flat landmass and spreading outward due to its own weight.

Ice sheet: a large-scale ice mass, more than 50 000 km^2, that is mainly unconfined by the underlying topography and is free to move outward in all directions; a continental-scale glacier such as those now present on Greenland and Antarctica, or formerly present in the Cordillera, the continental interior of North America, and in northern Europe.

Outlet glacier: an ice stream issuing from and draining an ice field, ice cap, or ice sheet.

Glossaire de termes choisis*

Glacier: Terme général employé pour désigner toute grande masse de glace pérenne accumulée naturellement et formée sur la terre ferme, du moins en partie, par le tassement et la recristallisation de champs de neige. Cette masse se déplace par glissement lent suivant la pente ou par écoulement divergent en raison des pressions exercées par son poids. C'est le terme générique qui désigne toutes les masses de glace décrites ci-dessous.

Glacier de vallée: Langue de glace qui s'écoule dans une vallée aux limites bien établies et au contour allongé.

Champ de glace: Masse de glace en nappe, petite ou grande, dont la forme et le régime d'écoulement sont fortement influencés par les irrégularités du relief qu'elle recouvre.

---

*Version modifiée du Glossary of Geology, éd. R.L. Bates et J.A. Jackson, American Geological Institute, Virginie, deuxième édition, 1980.

Calotte glaciaire: Croûte de glace et de neige pérenne mesurant moins de 50 000 km^2, à forme bombée, coiffant le faîte d'une montagne (avec peu ou pas de sommets émergents) ou recouvrant une surface plane (son écoulement est alors divergent de par l'action de sa masse).

Inlandsis: Immense masse de glace de plus de 50 000 km^2 qui est indépendante du relief sous-jacent et qui est libre de se déplacer par écoulement radial divergent; glacier d'échelle continentale comme ceux que l'on trouve actuellement au Groenland et dans l'Antarctique et qui ont recouvert une partie de la Cordillère, de l'intérieur du continent nord-américain et du Nord de l'Europe.

Glacier de décharge (glacier émissaire): Langue de glace prenant naissance dans un champ ou une calotte glaciaire, ou encore dans un inlandsis, qu'elle draine de ses eaux de fonte.

Glacier de piémont: Couche épaisse et ininterrompue de glace qui se forme à la base d'une chaîne de montagnes, sur terre ferme, par écoulement divergent et coalescence de glaciers de vallée provenant des hauteurs de la montagne.

Piedmont glacier: a thick, continuous sheet of ice at the base of a mountain range, resting on land, and formed by the spreading out and coalescing of valley glaciers from higher elevations in the mountains.

Cirque glacier: a small glacier occupying a rounded hollow with a steep headwall (a cirque, corrie, or niche eroded by glacier ice) on a mountainside or at the head of a valley.

Glacial deposits: a general term referring to any material left by either glacier ice or its meltwater; commonly used synonymously with (glacial) drift.

Till: those materials deposited directly by the ice, more or less independent of the action of commonly associated meltwater and typically a heterogeneous deposit composed of a variable mixture of dominantly unsorted and unstratified, clay-sized to boulder-sized materials. Lodgment or basal till is that which is or was deposited beneath actively flowing ice. Ablation till is that derived from the mantle of debris which accumulated at the surface of the ice, and which was subsequently deposited on the ground surface when the ice melted. Flow till refers to superglacial materials that were transported and modified by plastic flow.

Ground moraine: a blanket-like deposit of till with a hummocky, corrugated, ribbed, drumlinized, or fluted surface.

End Moraine: an elongate ridge-like mass, commonly with a hummocky and/or pitted surface and composed of till with associated ice-contact stratified deposits, deposited at the terminus of a valley glacier or the margin of an ice cap or ice sheet. The drift may contain much lodgment till that has been thrust forward and upward by actively flowing ice behind the near-stationary ice front. Generally, however, the ice undergoes melting in the terminal zone and hence there is a variable admixture of materials dropped from the melting ice, along with well stratified deposits from the debouching meltwater streams. End moraines range in size from huge systems 200 or 300 m high and many

Glacier de cirque: Petit glacier occupant une dépression arrondie possédant un mur de rimaye (cirque ou niche érodé(e) par la glace du glacier), sur le versant d'une montagne ou à la tête d'une vallée.

Dépôts glaciaires: Terme générique qui s'applique à tout matériau transporté soit par la glace du glacier, soit par ses eaux de fonte.

Till: Matériaux déposés directement par la glace, plus ou moins indépendants de l'action des eaux de fonte qui y sont couramment associées; typiquement, dépôt hétérogène composé d'un mélange variable de matériaux en grande partie non triés et non stratifiés, dont la taille varie de la boue argileuse aux blocs rocheux. Le till de fond est celui qui s'est déposé sous la glace active. Le till d'ablation provient d'une couche de débris accumulés à la surface de la glace et par la suite déposés à la surface du sol lors de la fusion de la glace. Le till d'écoulement se compose de matériaux de surface qui ont été transportés et modifiés par écoulement plastique.

Moraine de fond: Dépôt de till en nappe dont la surface est bosselée, ondulée, côtelée, cannelée ou modelée en drumlins.

Moraine frontale: Crête allongée dont la surface est souvent bosselée et (ou) piquée, et qui se compose de till et de dépôts de contact stratifiés, accumulés au front d'un glacier de vallée ou à la bordure d'une calotte glaciaire ou d'un inlandsis.
Les matériaux glaciaires peuvent contenir beaucoup de till de fond qui a été poussé et soulevé par de la glace active derrière le front glaciaire quasi stationnaire. En règle générale, cependant, la glace fond dans la zone terminale où se produit un mélange variable de débris abandonnés par le glacier en fusion et de dépôts bien stratifiés venus des torrents formés par les eaux de fonte qui débouchent à la surface. La taille des moraines frontales varie de l'immense réseau haut de 200 à 300 m et large de plusieurs kilomètres (ce réseau témoigne d'un temps d'arrêt (dans le recul du dernier inlandsis), à la courte crête de quelques mètres de hauteur et de largeur (en une seule année, il peut s'en accumuler une ou plus). Ce dernier type et d'autres types de moraines frontales déposées perpendiculairement à la direction de l'écoulement de la glace, sont décrits davantage dans le texte. Épandage subaquatique: Désigne les sédiments stratifiés qui sont accumulés par les torrents sous-glaciaires à leur sortie d'un glacier donnant sur un lac glaciaire profond; les torrents déposent

kilometres wide, that relate to halts in the recession of the last ice sheet, to short ridges only a few metres both high and wide, one to several being deposited in a single year. The latter and other specific types of end moraine, deposited transverse to the ice-flow trend, are discussed in the text.

Subaqueous outwash (subwash): refers to stratified sediments deposited by subglacial meltwater streams as they emerged from beneath glacier ice fronting in a deep glacial lake; the streams rapidly dropped their sediment load on entering the lake. The deposits are characterized by steeply dipping and generally long foreset and backset beds and a minimum of cut-and-fill structures. Unlike glaciolacustrine deltas, the surface of these deposits does not indicate a former lake level.

Outwash: refers to stratified sediments that were deposited by free-flowing meltwater streams leading away from the terminus of glacier ice; outwash deposits are therefore typically coarser close to the former ice margin and finer downstream. Due to fluctuations in stream flow and to a variable load of sediment, cut-and-fill structures (channelling and later in-filling) and frequent small-scale crossbedding are characteristic of such deposits.

Solifluction: refers to the slow, viscous downslope flow or creep of water-logged unconsolidated materials; it is especially common in periglacial (cold) areas.

rapidement leur charge de sédiments lorsqu'ils se déversent dans le lac. Les sédiments sont caractérisés par des couches frontales et des couches amont généralement longues et fortement inclinées et par un minimum de structures dues au processus de déblai et de remblai. À l'encontre des deltas glacio-lacustres, la surface de ces dépôts ne porte pas de marque de niveau ancien du lac.

Épandage subaquatique: Désigne les sédiments stratifiés qui sont accumulés par les torrents sous-glaciaires à leur sortie d'un glacier donnant sur un lac glaciaire profond; les torrents déposent rapidement leur charge de sédiments lorsqu'ils se déversent dans le lac. Les sédiments sont caractérisés par des couches frontales et des couches amont généralement longues et fortement inclinées et par un minimum de structures dues au processus de déblai et de remblai. À l'encontre des deltas glacio-lacustres, la surface de ces dépôts ne porte pas de marque de niveau ancien du lac.

Épandage fluvio-glaciaire: Désigne les sédiments stratifiés qui ont été déposés par des torrents d'eau de fonte circulant librement et s'éloignant du front du glacier; les sédiments les plus grossiers se déposent généralement à proximité du glacier tandis que les matériaux plus fins sont transportés plus en aval. En raison de variations du débit des torrents et de la charge sédimentaire, des structures dues au processus de déblai et de remblai (creusement et remblaiement consécutif d'un chenal) et de fréquentes stratifications entrecroisées de petite échelle caractérisent ces dépôts.

Solifluxion: Écoulement lent et visqueux sur un versant, ou lent glissement de matériaux boueux engorgés d'eau; elle est particulièrement courante dans les régions périglaciaires (nettement froides).

Figure 1.

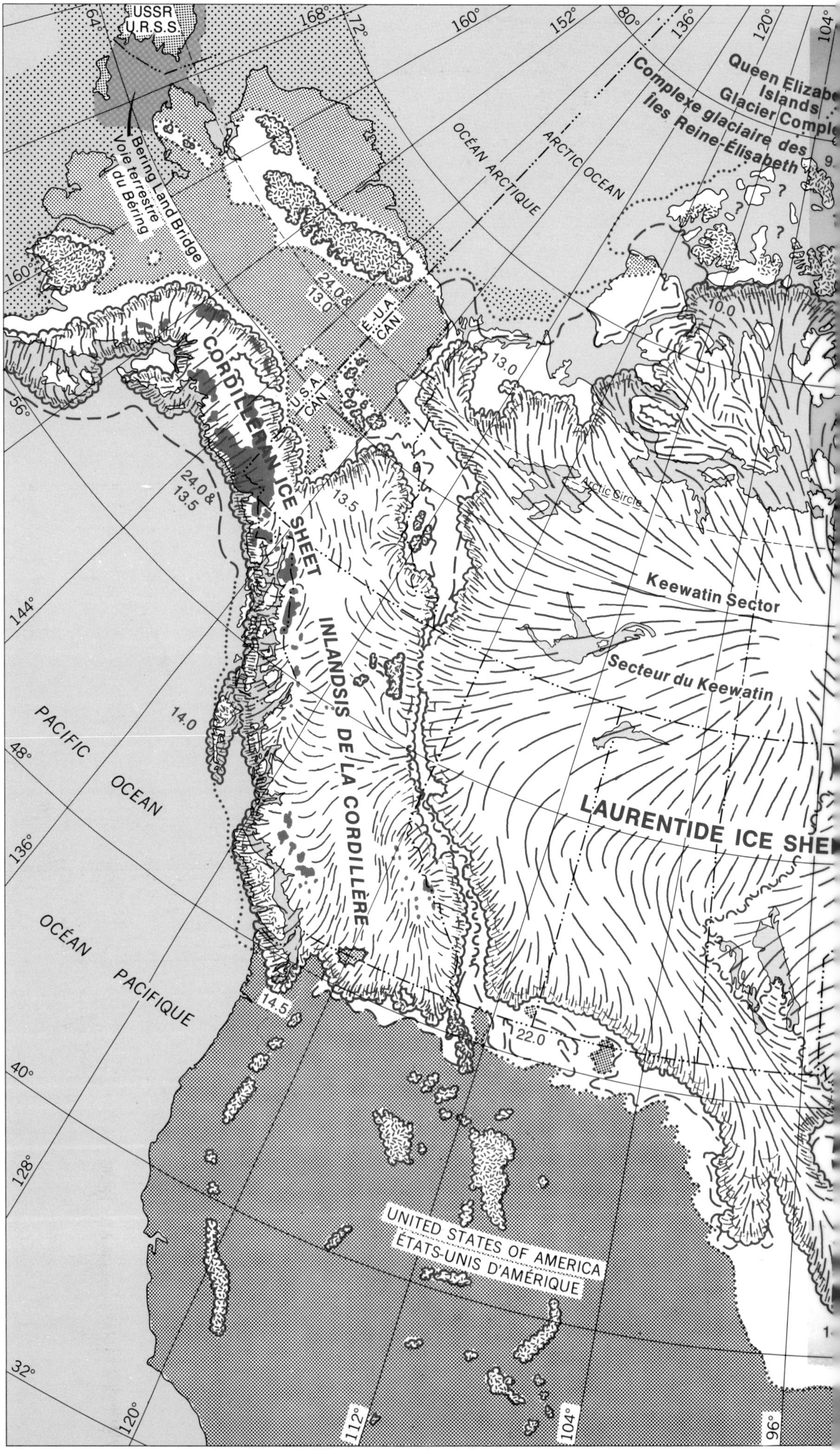

USSR
U.R.S.S.
Bering Land Bridge
Voie terrestre du Béring
OCÉAN ARCTIQUE
ARCTIC OCEAN
Queen Elizabeth Islands Glacier Complex
Complexe glaciaire des îles Reine-Élisabeth
U.S.A.
CAN
É.-U.A.
CAN
CORDILLERAN ICE SHEET
INLANDSIS DE LA CORDILLÈRE
Arctic Circle
Keewatin Sector
Secteur du Keewatin
LAURENTIDE ICE SHE
PACIFIC OCEAN
OCÉAN PACIFIQUE
UNITED STATES OF AMERICA
ÉTATS-UNIS D'AMÉRIQUE
24.0 & 13.0
24.0 & 13.5
13.0
13.5
10.0
14.0
14.5
22.0